国家社会科学基金重大项目（19ZDA363）
国家自然科学基金项目（31871094、32130045、32200884）

内疚与羞耻的心理与认知神经机制

朱睿达　刘超

著

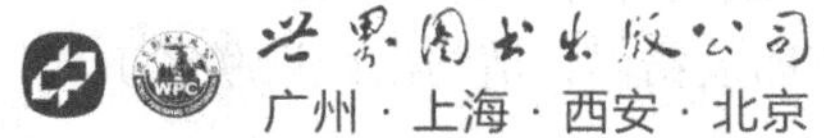

世界图书出版公司
广州·上海·西安·北京

图书在版编目（CIP）数据

内疚与羞耻的心理与认知神经机制 / 朱睿达, 刘超著.
— 广州 : 世界图书出版广东有限公司, 2022.9（2025.1重印）

ISBN 978-7-5192-5963-1

Ⅰ.①内… Ⅱ.①朱… ②刘… Ⅲ.①情绪–认知心理学–研究 Ⅳ.①B842.1

中国版本图书馆CIP数据核字(2022)第177584号

内疚与羞耻的心理与认知神经机制
NEIJIU YU XIUCHI DE XINLI YU RENZHI SHENJING JIZHI

著　　者：朱睿达　刘　超
责任编辑：翁　晗
装帧设计：书艺歆
出版发行：世界图书出版有限公司　世界图书出版广东有限公司
地　　址：广州市海珠区新港西路大江冲 25 号
邮　　编：510300
电　　话：（020）84452179
网　　址：http://www.gdst.com.cn/
邮　　箱：wpc_gdst@163.com
经　　销：新华书店
印　　刷：悦读天下（山东）印务有限公司
开　　本：787 mm × 1 092 mm　1/16
印　　张：14.5
字　　数：200 千字
版　　次：2022 年 9 月第 1 版　　2025 年 1 月第 2 次印刷
国际书号：ISBN 978-7-5192-5963-1
定　　价：88.00 元

前 言 *preface*

在人们的日常生活中，道德对规范人们的行为、维持社会的安定起着非常重要的作用。作为道德的核心组成部分，道德情绪一直被研究者们密切关注。不同的道德情绪会给个体带来不同的体验，促进不同的行为，并造成不同的长期影响。然而，有些道德情绪虽然不同，却又存在相似之处。内疚和羞耻就是这样一对类似的负性道德情绪。对内疚和羞耻的了解尚不完善，许多问题还没有完全弄清楚。内疚和羞耻的心理活动有什么相似与不同？内疚和羞耻的社会功能是否存在差异？内疚和羞耻的神经机制又是怎么样的？对内疚和羞耻的共性和差异进行探究，有助于更好地对个体违反社会规范后的心理活动和行为模式进行理解、预测甚至控制。本研究采用多种心理学实验范式（想象范式、回忆范式和人际互动范式），对不同的认知变量进行操控，并结合认知神经科学中的脑电技术和磁共振成像技术，对内疚和羞耻的心理认知过程、社会功能以及神经机制进行了系统探究。

本书先对道德、道德认知和道德情绪的概念进行了简要介绍；之后重点总结和回顾了与内疚和羞耻有关的研究范式、研究方法，以及前人研究所发现的两者在不同心理过程、行为表现及神经机制上的异同；接着论述了两种关于内疚和羞耻的理论观点：关注点理论和进化心理学视角（情绪功能主义和代价收益理论）。本书的实验部分包含五个研究，共十二个实验（行为实验被试 1414 人，脑电实验被试 28 人，磁共振实验被试 98 人）。研究一（实验 1、实验 2、实验 3 和实验 4）和研究二（实验 5、实验 6、实验 7 和实验 8）以进化心理学视角为指导，分别探究内疚以及与内疚紧密相关的自我惩罚在人际关系修复方面所起到的作用，和羞耻在抵抗他人消极评价方面所起到的作用。研究三（实验 9 和实验 10）、研究四（实验 11）和研究五（实验 12）则探究了内疚和羞耻的脑神经机制，以检验和拓展关注点理论和进化心理学视角。

研究一发现，人际效用会通过影响违规者的内疚感来改变违规者的自我惩罚行为，而违规者的自我惩罚则有利于其获得受害者的原谅。研究一完成了对人际受损—内疚情绪—自我惩罚—关系修复这一完整关系链的探究，说明内疚及内疚相关行为的社会功能在于帮助违规者修复有价值的受损关系。研究二发现，羞耻所伴随的心理疼痛体验会使违规者的愤怒增加；然而当他人知晓违规者的羞耻事件时，羞耻会使违规者控制自己的愤怒。在特定情况下，个体的愤怒会引起他人的反感和消极评价，并可能招致社会排挤。该结果支持了羞耻会促使个体在不同情况中做出不同的行为反应，以抵抗他人消极评价的进化心理学观点。研究三、研究四和研究五发现，内疚和羞耻的差异主要反映在和自我参照加工与共情 / 心理理论加工有关的脑电成分、神经震荡、脑区激活和脑功能连接上。其结果支持了关注点理论的观点：内疚涉及更多他人导向的关心，而羞耻涉及更多自我导向的负性评价。另外，内疚和羞耻会共同激活与综合自我有关的信息和与他人有关的信息的脑区（背内侧前额叶）。说明个体处于内疚和羞耻时，既会关注自己，还会关注他人。这为内疚与羞耻的进化心理学视角的观点提供了支持。

综合来说，研究一和研究二从进化心理学视角，深化了对内疚与羞耻和其他心理认知、情绪与行为的关系的理解。其结果证明了将进化心理学的视角引入对内疚和羞耻的研究的合理性。研究三、研究四和研究五以脑电技术和磁共振成像技术为手段，对内疚和羞耻的神经机制进行了探究。其结果为关注点理论和情绪功能主义观点找到了支持性依据。五个研究一起为全面了解内疚和羞耻的心理和认知神经机制做出了贡献。

本研究的创新点主要表现在以下几个方面：在研究范式方面，开发出了可以在人际互动情景下研究内疚和羞耻以及相关行为的实验范式；在分析方法方面，首次利用多变量模式分析去寻找可以区分内疚和羞耻的脑区；在理论方面，为关注点理论和进化心理学视角提供了新的支持性证据；在实践方面，对自我惩罚功能的探究结果，为解决涉及神圣价值的冲突提供了可能的解决办法。这些创新不仅拓展了对内疚和羞耻的认识，也为未来的新研究提供了基础。

目录 contents

第一章　文献综述 /1

第一节　道德及相关概念 /3

第二节　各种道德情绪简介 /7

第三节　诱发内疚与羞耻的研究范式 /12

第四节　研究内疚和羞耻的方法 /15

第五节　内疚和羞耻的相似性与差异性 /19

第六节　内疚和羞耻理论的构建与发展 /22

第二章　问题提出和研究思路 /31

第一节　问题提出 /33

第二节　研究整体思路 /37

第三章　研究一：人际因素与内疚情绪及相关行为关系的研究 /41

第一节　研究背景与研究目的 /43

第二节　实验 1：人际效用对内疚和自我惩罚的影响 /45

第三节　实验 2：人际效用和关系状态对内疚和自我惩罚的影响 /49

第四节　实验 3：违规者的自我惩罚对受害者原谅的影响 /55

第五节　实验 4：违规者的自我惩罚和口头道歉对受害者原谅的影响 /59

第六节　研究一讨论 /62

第四章　研究二：他人知晓对羞耻和愤怒之间关系影响的研究 /63

第一节　研究背景与研究目的 /65

第二节　实验 5：回忆范式下，羞耻情绪对愤怒的影响 /68

第三节　实验 6：回忆范式下，控制人格特质时羞耻情绪对愤怒的影响 /72

第四节　实验 7：想象任务范式下，他人知晓情况对羞耻情绪与愤怒关系的作用 /75
第五节　实验 8：独裁者游戏中，他人知晓情况对羞耻情绪与愤怒关系的作用 /81
第六节　研究二讨论 /85

第五章　研究三：人际互动中内疚与羞耻在时间进程上的神经反应 /89
第一节　研究背景与研究目的 /91
第二节　实验 9：诱发内疚和羞耻的人际互动范式的开发与检验 /95
第三节　实验 10：人际互动中内疚与羞耻的时间加工进程 /100
第四节　研究三讨论 /107

第六章　研究四：人际互动中内疚与羞耻基于空间位置的神经机制 /111
第一节　研究背景与研究目的 /113
第二节　实验 11：人际互动中，内疚与羞耻基于空间位置的神经机制 /115
第三节　研究四讨论 /125

第七章　研究五：死亡唤醒调节内疚与羞耻基于空间位置的神经机制 /133
第一节　研究背景与研究目的 /135
第二节　实验 12：死亡唤醒改变内疚与羞耻基于空间位置的神经机制 /141
第三节　研究五讨论 /164

第八章　研究总讨论、创新与展望 /171
第一节　研究总讨论 /173
第二节　研究的创新 /181
第三节　研究的不足与展望 /185

参考文献 /187

附　录 /224

后　记 /226

第一章

文献综述

第一节　道德及相关概念

习近平总书记在北京大学师生座谈会上指出，“国无德不兴，人无德不立”，强调重“德”是中华文化源远流长的传统，树“德”对推动全社会公民道德建设起关键作用。道德，无论对社会的发展还是对个人的发展，其作用都是毋庸置疑的。在我国社会发展的过程中，出现过许多道德模范人物，其行为令人动容，可歌可泣：有的人为了祖国的国防建设隐姓埋名几十年，舍“小家”顾“大家”；有的消防人员，为了保护人民的生命和财产，舍生忘死；有的人面对歹徒，不畏凶险，见义勇为；还有的成功人士为社会和他人捐赠大部分甚至全部个人财产。同时，社会上也存在一些违反道德或道德冷漠的行为：一些商人贪图个人利益，以次充好，偷税漏税；有的人路见他人遇险，见死不救，冷漠无情；一些官员违背初心，搞权色交易，贪污腐败。道德广泛存在于人们的日常行为、习俗和生活之中，并且会持续影响个体的社会人际关系和声誉情况。因此，道德也成为学术界关注的重要问题，是多学科研究的对象。

尽管学者们对道德的定义多种多样，但对其内涵还是有共识的——指群体一致认同且遵从的规范 (Gert & Gert, 2002)。道德一直是心理学研究的重要领域，道德形成的心理和神经机制一直是备受关注的课题。要弄清道德形成的机制，必须先了解道德的两个方面：道德认知和道德情绪。

一、道德认知

道德认知是个体对人们各种心理、行为和整体情况的感知过程和好坏判断 (Blasi, 1983)。根据不同的道德哲学，道德认知会被赋予不同的内涵。功利主义的道德哲学观崇尚的是效用最大化，也就是要求个体的行为、决策应该尽可能让最多的人最大程度地获得尽可能多的利益与好处 (Moll & de Oliveira-Souza, 2007)。在这种道德哲学观下，一个功利主义者的道德认知至少需要能够对不同事物和行为的效用进行评估，并在这个基础之上，对不同的效用大小进行比较，最终做出自己的选择 (Moll & de Oliveira-Souza, 2007)。道义主义的道德哲学则提出，个体在做出判断或采取行为时，应该依据某种正当性（duty）(Colyvan, Cox, & Steele, 2010; Peterson, 1993)。它与功利主义的差异在于，道义主义非常强调行为的动机，而不仅仅是关注行为最终造成的结果 (Feldman, 2008)。出于集体的欲望和利益而做出的行为并不一定会被认为是道德的，道义主义认为道德的行为应该出于正当的原因和理由，应该保护每一个人的权利。也就是说，与效用的最大化相比，更重要的是确保每个个体的合理利益不会被践踏 (Conway & Gawronski, 2013)。由此来看，对道义主义者来说，道德认知应该涉及对道义准则的把握、对动机的理解，以及对每个个体权利的尊重。美德理论的道德心理学观点则从另一个角度去解释道德。它认为，个体应该在自己已有的基础之上，就自己的本质去尽可能地提升自己，如：修炼自己的美德和防止自己堕落 (Hursthouse, 1999)。道德的个体应该知晓，想要过好一生，维持哪些状态、培养哪些品质对自己来说是有帮助的 (Broadie, 1991)。个体应该以此为生活目标，去磨练自己，以获取这些良好的品质 (Broadie, 1991)。所以，美德主义者的道德认知涉及对自我的了解、对良好品德的认知，以及对未来有意识的规划 (Casebeer, 2003; Hursthouse, 1999)。将具体的道德哲学放在一边，单独审视道德认知的话，道德认知包含了个体在遇到道德情境时，帮助个体进行判断和采取行为的所有认知活动 (Casebeer, 2003)。

在道德认知的内容方面，美国学者 Haidt 在综合考虑了政治、经济、宗教、社会等方方面面的因素之后，提出了道德基础理论，将道德认知的内容总结归纳为下面六个维度：关爱（关心和爱护他人，其对立面是伤害）、公平（维护公平和支持正义，其对立面是违规和欺骗）、忠诚（支持与捍卫你所在的群体、家庭以及国家的利益，其对立面是背叛）、权威（支持传统规则和拥护法律权威，其对立面是颠覆）、圣洁（厌恶和远离令人恶心的事物，其对立面是堕落）和自由（遵从自由，其对立面是束缚）(Haidt, 2012)。虽然该理论是美国研究者基于美国的情况所提出的，但是通过对在不同大陆的 27 个国家的被试进行施测发现，在所有施测国家中，上述六个道德认知内容的维度结构高度相似 (Iurino & Saucier, 2018)。该结果表明，道德基础理论对道德认知的内容的归纳总结，在不同的文化和环境下，依然是可以成立的。

二、道德情绪

道德情绪被定义为与他人的利益和整个社会的福祉有关的情绪 (Haidt, 2003)，其关键的特质是涉及他人 (Prinz & Nichols, 2010)。在识别道德情绪时，有两个非常关键的因素。第一个是诱发情绪的事件是否与个体自己的利益直接相关 (Haidt, 2003)。一些情绪产生的主要原因是个体直接得到或失去利益。例如，当个体中了彩票获得金钱的收益时，会产生高兴的情绪；而当个体违反了交通规则被罚款时，会产生悲伤的情绪。而另一些情绪的产生，则与个体的利益没有直接的关系。例如，当个体撞倒了一位残疾人时，会体验到内疚的情绪。在与内疚有关的情景中，残疾人的利益受到了损失，但个体自身的利益并没有直接受到影响。当一个诱发情绪的事件越与个体自己的利益无直接关系时，所诱发的情绪就越有可能被判断为道德情绪 (Haidt, 2003)。第二个是情绪与亲社会行为倾向的关联程度 (Haidt, 2003)。情绪会帮助个体进入一种易于做出某类特定行为的生理和认知状态 (Izard, Kagan, & Zajonc, 1984)。某种情绪越有可能促进个体的亲社会行为，越有助于使他人获得好处或维护社会的整体安定，那么，这种情绪就越有可能被界定为道德情绪 (Haidt, 2003)。例如，内疚常常促使个体做出弥补他人的行为，这种行为对他人有利，且可以减少群体中的冲突，具有较高的亲社会性。在一个二维空间内，将情绪所促进行为的亲社会性作为纵轴，将情绪诱发事件与自己利益的相关性作为横轴，可以清楚地看到哪些情绪更有可能被界定为道德情绪（图 1–1 中越靠向右上角的情绪越可能被界定为道德情绪）。需要注意的是，图 1–1 中对各种情绪的定位只是一种主观的判断，在非道德情绪和道德情绪之间实际上没有明确的界线。同一种情绪，在一种情景中可能被视为道德情绪，而在另一种情景中则可能被视为非道德情绪。以愤怒情绪进行举例：个体因为他人受到了不公平的待遇而愤怒，为他人打抱不平。这种情况下，愤怒情绪会被认为是道德情绪。然而，如果个体是因为觉得自己的利益受到了侵害，为此进行报复和反击，在该情况下，愤怒可能不会被视为道德情绪。由此可见，需要结合具体的情景和分析来对道德情绪进行认定和划分。总体来看，道德情绪是个体在面对道德相关的事件（道德相关事件通常都涉及他人）时，在特定的道德认知活动下，产生的生理活动体验和知觉感受，通常包括羞耻、内疚和感激等 (Hutcherson & Gross, 2011; Tangney, Stuewig, & Mashek, 2007a)。

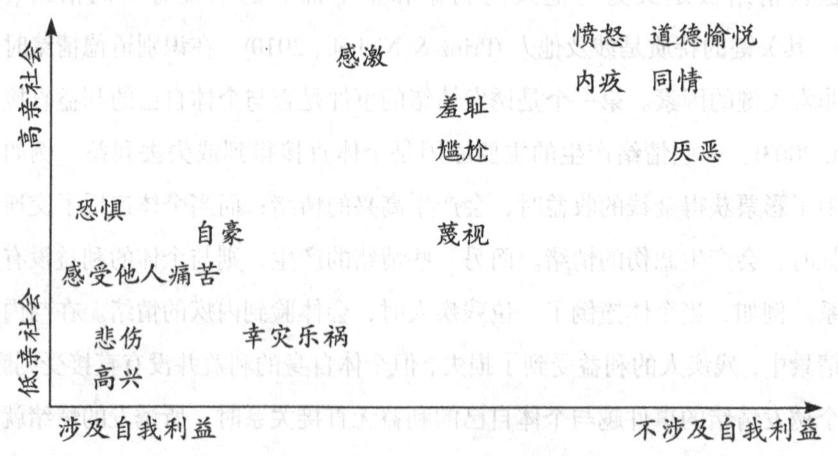

图 1–1 各种情绪位置标注图

注：此图是依据 Haidt, 2003 文章绘制的，以情绪所促进的行为的亲社会性为纵轴，以情绪诱发事件与自己利益的相关性为横轴，对不同情绪位置进行标注。请注意，对各种情绪的位置的设定是主观的，且在不同的情况下，情绪所处的坐标位置是可以发生改变的。

道德情绪和道德认知是道德的两个方面，两者相互联系，相辅相成。个体在进行道德判断和选择时，通常会伴随或引发相关的道德情绪，而道德情绪的产生，会反过来作用于道德认知，帮助道德认知的进行，并且循环往复 (Moll, Zahn, de Oliveira-Souza, Krueger, & Grafman, 2005)。

第二节　各种道德情绪简介

一、内疚

内疚作为一种负性情绪体验，常常发生在个体违反了社会规范、伤害了他人或没有完成应尽的责任之后 (Tracy & Robins, 2006)。个体在内疚时会关注自己过去的行为给他人带来的负面影响，并在内心产生一种紧张的感觉 (Tangney, Stuewig, & Mashek, 2007; Tangney, Wagner, & Gramzow, 1992; Tangney, 1995; Tangney, Burggraf, & Wagner, 1995)。这种紧张感会引导个体做出各种不同的补救行为，如道歉和补偿 (Tangney & Dearing, 2003; Yu, Hu, Hu, & Zhou, 2014)。由于内疚情绪与亲社会性行为紧密相关，一些学者对内疚情绪给予了许多正面的评价 (Tangney & Dearing, 2003)。然而，近些年的一些研究发现，内疚也会导致非道德行为的产生 (de Hooge, Nelissen, Breugelmans, & Zeelenberg, 2011)。随着研究的深入和实验证据的增加，有学者提出内疚的社会功能是帮助个体维持积极、有用的人际关系，即利用各种手段确保个体在与他人的社会互动中持续获利 (Sznycer, 2019)。许多研究利用磁共振成像(magnetic resonance imaging, MRI)技术和正电子断层扫描(positron emission tomography, PET) 技术对内疚的神经机制展开了研究。Gifuni 等人 (2017) 对十六篇与内疚相关的研究进行了脑激活程度的元分析（ meta-analysis ），结果发现，以中性情绪为对照条件，内疚情绪会激活如下脑区：内侧前额叶、前扣带回、外侧前额叶、颞顶联合区、颞中回、舌回、楔前叶和小脑等。Bastin 等人 (2016) 也依据与内疚相关的成像研究，总结了一些文献中常见的与内疚有关的脑区位置，包括背内侧前额叶、颞极等。

二、羞耻

羞耻作为一种会使人产生强烈负性感受的情绪，通常发生在个体违反一些核心的道德规范或将自己的缺点暴露给他人之后 (Tangney et al., 2007)。体验羞耻情绪时，个体会非常关注来自他人的负面评价，并且有可能从根本上否定自我 (Bastin et al., 2016)。在研究的早期阶段，不少研究者发现羞耻和一些消极的行为模式相关联（如：逃离与回避）并且和不少精神疾病的症状呈正相关关系 (Tangney et al., 1992; Tangney & Dearing, 2003; Tangney, Wagner, Hill–Barlow, Marschall, & Gramzow, 1996)。据此，羞耻曾经被认为是一种适应不良的情绪 (Tangney & Dearing, 2003)。不过，随着研究的发展，研究者们渐渐发现，应对羞耻的行为模型非常丰富，除了上面提到的行为模式外，还包括提升自我能力、主动接近受害者或与其合作等 (de Hooge, Breugelmans, Wagemans, & Zeelenberg, 2018; de Hooge, Breugelmans, & Zeelenberg, 2008; de Hooge, Zeelenberg, & Breugelmans, 2010, 2011)。Sznycer 等人 (2016) 则从进化心理学的视角出发，提出羞耻的作用可能是防止他人对自己的消极评价。

和羞耻非常“类似”的一种情绪是尴尬。羞耻和尴尬究竟是否属于不同的情绪，在学术上存在着一定的争论。一些研究者认为，羞耻和尴尬只是在情绪强度上不同，即尴尬是一种情绪强度较弱的羞耻 (Kaufman, 2004; Lewis, 1971; Petra Michl et al., 2014)。另一些研究者则认为羞耻与尴尬是不同的情绪 (Eisenberg, 2000; Tangney, Miller, Flicker, & Barlow, 1996)，两者的产生条件不同。羞耻发生在个体违反了一些核心的道德规范之后（如：“由于低级失误，使国家名誉受损”），而尴尬发生在个体违背了一些社会习俗之后（如：在图书馆里大声喧闹）(Eisenberg, 2000; Tangney, Miller, et al., 1996)。主张羞耻和尴尬是不同情绪的观点的主要支撑依据点是，相比于尴尬，羞耻会更多地和违反核心道德规范联系起来。然而，Robertson 等人 (2018) 近期的研究发现，违反道德规范并不是体验羞耻的必要条件，事实上，来自他人的负面看法和评价就足以让个体产生羞耻的情绪了。这一结果进一步模糊了羞耻和尴尬的理论概念界线。此外，一篇综述研究显示，羞耻和尴尬所激活的脑区非常的相似 (Bastin et al., 2016)。还有，从具体的实验操作上来看，即使使用的是完全相同的范式，有的研究将他们诱发的情绪称为羞耻 (Petra Michl et al., 2014)，而有的则将其称为尴尬 (Takahashi et al., 2004)。因此，本文会把羞耻和尴尬视为同一种情绪，不再进行细致的区分。

与内疚相比，关于羞耻的神经机制的研究相对较少。已有的数据不足以支持研究者们进行量化的脑激活荟萃分析 (Bastin et al., 2016)。因此，Bastin 等人 (2016) 对一些文献中所报告的羞耻所激活的脑区位置进行了概要性的总结。主要结果显示，与控制条件相比，羞耻主要激活的是眶额叶、背内侧前额叶、背外侧前额叶、颞极、前脑岛、海马体、枕叶区和小脑。

三、其他道德情绪

道德情绪除了内疚和羞耻之外，还包括感激与亏欠。这两种情绪的关系就像内疚和羞耻的关系一样，既有相似之处也有不同之处。感激情绪和亏欠情绪通常发生在个体受到他人的帮助或者从他人那里得到了利益之后 (Mathews & Green, 2010; Tsang, 2006b, 2007; Watkins, Scheer, Ovnicek, & Kolts, 2006)。个体大约在 6～9 岁之间第一次体验到感激情绪 (Froh, Miller, & Snyder, 2007)，而第一次体验到亏欠情绪会更晚一些，在 12 岁左右 (de Cooke, 1997)。虽然感激和亏欠都发生于个体从他人处获利的情境中，但存在重要的差异。在情绪的体验方面，感激是积极情绪，与不少正面的体验，如愉悦、充满能量、幸福感等相关 (Mathews & Green, 2010; Watkins et al., 2006)；而亏欠是消极情绪，与大量负性体验，如紧张、不安、焦虑等相关联 (Mathews & Green, 2010; Watkins et al., 2006)。在行为倾向方面，感激会促进个体主动去接触施助者，了解施助者的需求，报答施助者，并希望与之建立长期、稳定的友谊 (Bartlett & DeSteno, 2006; Bartlett, Condon, Cruz, Baumann, & Desteno, 2012; DeSteno, Bartlett, Baumann, Williams, & Dickens, 2010; Tsang, 2006a; Wood, Maltby, Stewart, Linley, & Joseph, 2008)；而亏欠使得个体想要摆脱和远离施助者，不愿意与之建立长期的关系 (Tsang, 2006b; Watkins et al., 2006)。在心理健康与疾病方面，感激情绪会给个体的心理健康带来积极影响 (Bartlett & DeSteno, 2006; Ma, Tunney, & Ferguson, 2017; McCullough, Emmons, Kilpatrick, & Larson, 2001; McCullough, Emmons, & Tsang, 2002)；而亏欠情绪则与个体焦虑感受、抑郁感受等心理疾病指标呈正相关关系 (Peng, Nelissen, & Zeelenberg, 2018; Watkins et al., 2006)。在儿童心理的研究方面，Froh 等人 (2007) 发现，儿童的感激情绪体验与其在学校的学业动机、学习成绩和满意度呈正相关关系。

感激和亏欠的一个突出的相似点在于，个体都意识到自己在目前的互动关系中，从施助者那里得到了利益和好处。而这两种情绪的不同作用在于，感激情绪提醒个体与该施助者建立和维持长期的互惠关系是有利的；而亏欠情绪则警告个体，虽然个体在当前获利，但如果与该施助者保持长期关系，可能会对个体造成损失 (Tsang, 2006b; Watkins et al., 2006)。Peng 等人 (2018) 的研究支持上述观点。他们的研究发现，施助者对受助者的期望和要求会对感激和亏欠产生不同的影响。具体来说，同样是对受助者进行帮助，如果施助者要求或期望受助者进行高代价的回报，受助者个体的亏欠情绪会很强，而感激情绪会较弱；如果施助者对受助者没有很高的回报期望，受助者个体的亏欠情绪会较弱，而感激情绪会很强 (Peng et al., 2018)。造成该结果的原因可能是，受助者要和施助者维持长期的合作关系，就需要满足其期望和要求。为满足高要求的施助者，受助者将不得不付出高额的代价。而这种关系对个体来说，可能并不是有利的，因此，亏欠情绪警告个体远离该施助者。而如果施助者的期望和要求相对合理或较低，那么个体维持这段关系所需要付出的成本较小，个体或许可以从这段关系中获利，因此，感激情绪提醒个体与该施助者建立并保持友谊。

近些年，对于感激的神经生理机制，一些研究者也进行了探究。一些研究者利用磁共振成像技术对感激相关的脑区进行了探究，他们通过让被试想象自己是大屠杀幸存者的方式诱发感激情绪，结果发现感激情绪与腹内侧前额叶皮层的激活有关 (Fox, Kaplan, Damasio, & Damasio, 2015)。还有一些研究者通过实验室研究，以调控施助者帮助意图的方式来操控个体的感激情绪，结果同样发现感激情绪与腹内侧前额叶皮层有关 (Yu, Cai, Shen, Gao, & Zhou, 2017)。这些研究表明该脑区可能负责帮助个体估计其与施助者建立一段长期稳定的关系的价值。还有一些其他脑区也被报告与感激情绪有关，包括背内侧前额叶、前扣带回和丘脑等 (Fox et al., 2015; Zahn et al., 2009)。此外，一篇结构磁共振研究报告称，被试的颞叶下部的灰质厚度与其感激特质量表得分相关 (Zahn, Garrido, Moll, & Grafman, 2014)。

除了上面介绍的道德情绪外，道德情绪其实还包括很多，如愤怒、厌恶、嫉妒等。限于篇幅，在这里就不再逐一介绍。在道德情绪中，存在着许多相近情绪，它们既相似又不同。它们的相似常让人误将它们等同化。而事实上，它们之间的不同会促使个体做出完全不同的选择与决策。因此，对相似的道德情绪的共性进行总结，对差异性进行区分，具有重要的意义。本书主要的研究对象为内疚与羞耻这两个相似而又有不同的道德情绪。因此，后文将主要针对内疚和羞耻的相关情况进行论述。

第三节　诱发内疚与羞耻的研究范式

一、回忆范式

回忆范式是心理学对不同情绪进行研究的重要范式。该范式要求被试回忆自己在生活中发生过的，使自己体验到某种特定情绪的事件。在回忆该情绪事件的过程中，被试通常会再次体验该情绪 (Wagner, N'Diaye, Ethofer, & Vuilleumier, 2011)。许多研究都选择回忆范式来诱发被试的内疚和羞耻情绪 (de Hooge, Breugelmans, & Zeelenberg, 2008a; de Hooge, Nelissen, Breugelmans, & Zeelenberg, 2011; Wagner, N'Diaye, Ethofer, & Vuilleumier, 2011)。例如，在 de Hooge 等人 (2011) 的实验中，就是要求被试回忆一件让其感到非常内疚的事件从而引起其内疚情绪。回忆范式具有简单易操作的优势，但也有一个局限，即每个被试回忆的情绪事件内容可能都不相同，而这可能混淆实验者关心的效应。

二、想象范式

想象范式也是心理学研究的重要范式之一，要求被试生动地想象某个特定生活场景或事件，并报告自己处于其中的想法、情绪或行为。许多研究都采用想象范式来研究内疚和羞耻 (de Hooge, Breugelmans, & Zeelenberg, 2008; Petra Michl et al., 2014; Pulcu et al., 2014; Takahashi et al., 2004)。例如，为研究被试处于内疚状态时的脑神经机制，Takahashi 等人 (2004) 要求被试想象一系列事件，如"我在商店里偷了一件衣服""我背叛了我的朋友""我在餐馆用餐后没有付账"，以诱发其内疚情绪。还有，为研究处于羞耻状态的被试是否会更倾向于合作，de Hooge 等人 (2008) 让被试想象自己在许多同学面前做了一个非常糟糕的演讲，所有人都没有听懂被试想表达的意思，以诱发其羞耻情绪。想象范式的优点在于可以较好地控制每个被试脑海里思考的内容。其缺点则在于，人们在想象情景中觉得自己体验的情绪、做出的行为和在真实情景中自己体验的情绪和做出的行为不一定都是一致的，且两种情况下所涉及的脑机制也不完全相同（Camerer & Mobbs, 2017)。Mclatchie 等人 (2016) 直接比较了使用想象范式和回忆范式诱发的内疚情绪的脑机制的差异。他们发现，被试在回忆一些与内疚相关的事件时，会激活一些与情绪加工有关的脑区，如脑岛；然而，被试在想象自己做出一些会诱发内疚的事件时，却并没有激活与情绪加工有关的脑区。因此，Mclatchie 等人 (2016) 认为，想象范式可能只能诱发一些与内疚相关的社会认知，但不能特别好地诱发相关的情绪感受成分。

三、人际互动范式

另一种诱发道德情绪的范式是人际互动范式。该范式会给被试创造一个人际互动的环境，被试会以为自己在与其他同伴一起参与实验，并在这个过程中接受一些互动信息。但实际上，被试通常只是在和电脑程序进行互动，接受的是一些预设的信息。近些年，越来越多的研究开始采用人际互动的范式研究内疚和羞耻 (Müller-Pinzler et al., 2015; Yu, Hu, Hu, & Zhou, 2014)。例如，为研究内疚和补偿行为，Yu 等人 (2014) 利用一个点数估计任务来诱发被试的内疚情绪。被试被告知自己会与另一名同伴（实际并不存在，只是电脑程序）进行一个点数估计任务。自己和同伴会同时通过不同的电脑屏幕看到一张有很多白点的图片，并需要分别估计这个图片中的白点的数量是大于还是小于某个数字（如：图中的白点的数量是大于 20 个还是小于 20 个？）。如果被试和同伴中的任何一人做出了错误的估计，那么同伴（只是同伴，而不是被试）会受到一次能引发疼痛的电刺激。被试需要在看到自己和同伴估计的正误情况后，决定是否帮助同伴承担一部分强度的电击（被试愿意承担的电击强度越强，同伴接受到的电击的强度越弱）。研究者们将被试和同伴都估计错误的情况视为低内疚条件，将被试估计错误而同伴估计正确的情况视为高内疚条件。结果表明，被试在高内疚条件下，内疚体验更高。又例如，为研究羞耻（尴尬）的神经机制，Müller-Pinzler 等人 (2015) 利用物品特性估计任务来诱发被试的羞耻情绪。被试认为自己会与另外三名同伴（实际上为实验者请来的演员）一起进行一系列游戏。首先，被试与三名同伴会完成一个智力测验。测验结束后，实验人员会当着所有人的面告知被试，其智力得分是最高的。因此，他将进入磁共振仪器进行下面的任务。在这个任务中，被试会看到各种各样的物体，并需要对该物体的某个特性进行估计。例如，被试将看到一支铅笔的图片，然后需要估计这只铅笔的重量为多少克。实验有两个自变量，第一个是被试在估计完成后，会看到自己估计的准确度在另外350个也做出过估计的大学生里的排名情况，排名分为高、中、低；第二个是之前与自己一起进行智商测试的三名同伴是否会看到自己的排名，也就是他人是否旁观：旁观、无旁观。研究结果表明，在他人旁观且被试的排名很低的时候，被试的羞耻体验是最强的。与回忆范式和想象范式相比，人际互动范式能够诱发更加自然和纯粹的内疚和羞耻体验。因为在日常生活中，内疚和羞耻通常是在人际互动（而非想象或回忆）中产生的，并且回忆和想象不是产生内疚和羞耻所必需的心理过程。但是，人际互动范式也存在缺点：实验任务通常很复杂、实验设计难度大、对实验者实验操作的要求高，以及需要被试具有理解复杂实验任务的能力和耐心。

第四节　研究内疚和羞耻的方法

一、自我报告

内疚和羞耻属于高级心理活动，可能涉及较多的认知加工过程。现有的研究对内疚和羞耻的认知成分及感受体验的基础了解，主要依赖于被试的主观报告 (Tangney, 1995; Tangney & Dearing, 2003)。Tangney & Dearing (2003) 访谈、调查、记录并总结了大量被试处于内疚和羞耻时的心理活动和感受，指出个体处于内疚和羞耻状态时，会一边关注自己的行为对他人的影响，一边责备自己。相比于羞耻，内疚的个体会更在意他人受到的伤害；相比于内疚，羞耻的个体会更强烈地进行自我否定。

被试的主观情绪评分是确定实验范式是否成功诱发某种特定道德情绪的依据 (Takahashi et al., 2004; Wagner et al., 2011)。例如，要确定实验范式是否在某种条件下成功地诱发了内疚情绪，常见的做法是让被试报告在该条件下自己包括内疚在内的不同情绪体验的强度，如"你在多大程度上感到内疚 / 羞耻 / 高兴 / 愤怒"。如果在该条件下，被试的内疚情绪评分显著高于其他情绪的评分，那么一般就会认为内疚被成功诱发了。

不过，被试的自我报告可能受到社会赞许性的影响，被试可能会为了维护自己的社会形象而做出隐瞒甚至欺骗 (Krumpal, 2013)。而且，自我报告很大程度上依赖个体的表达能力，而这会给研究结果带来未知的影响。

二、行为观察

对内疚和羞耻行为的观察主要在于看个体处于内疚和羞耻时会做出哪些行为反应。对内疚和羞耻状态下的个体的行为模式进行观察，可以反推个体处于内疚和羞耻状态时的心理活动。例如，研究发现，相比于羞耻，当个体处于内疚状态时，更倾向于做出补偿和合作行为 (de Hooge, Zeelenberg, & Breugelmans, 2007; Tangney, Stuewig, & Mashek, 2007b)。这一研究结果在某种程度上支持了，相比于羞耻，内疚的个体会更在意他人受到的伤害的观点。行为观察结果与自我报告结果的相互印证，将提供更有力的实验证据。

三、人格量表

对内疚特质进行测量的量表有内疚感受量表（Guilty Feelings Scale）和人际内疚问卷（Interpersonal Guilt Questionnaire）。内疚感受量表会呈现给被试一系列情境，并让被试报告自己处于该情境时会在多大程度上感到内疚，例如：“我欺骗了我的朋友”“我闯了红灯”(Nakagawa et al., 2015)。人际内疚问卷（Interpersonal Guilt Questionnaire）量表会呈现给被试一些陈述，让被试报告自己在多大程度上同意该陈述，例如：“如果别人非常渴望我能出席某个场合而我又拒绝了其邀请，我会非常担心伤害了别人的感情”(O'Connor, Berry, Weiss, Bush, & Sampson, 1997)。对羞耻特质进行测量的量表有羞耻体验量表（Experience of Shame Scale），此量表会询问被试在一系列情绪中在多大程度上会出现一些与羞耻有关的想法，例如，“当你说了一些蠢话后，你在多大程度上会担心别人对你的看法？”(Andrews, Qian, & Valentine, 2002)。同时测量内疚特质和羞耻特质两个维度的量表有个体感受问卷（Personal Feelings Questionnaire）和自我情感测试（Test of Self-Conscious Affect）。个体感受问卷询问被试会在多大频率上体验一些情绪。在内疚特质维度的情绪有“内疚的”“觉得自己不道德的”等，在羞耻特质维度的情绪有“羞耻的”“丢脸的”等。自我情感测试量表给被试呈现一系列情境，被试在每个情境中都有几个可能的反应，被试需要判断自己做出每种反应的可能性。例如，在“你在工作的时候弄坏了某个东西，并把它藏了起来”这一情境下，内疚特质维度的反应是：你会觉得焦虑并会自己或找人把它修好；羞耻特质维度的反应是：你会想着怎么逃离 (Tangney & Dearing, 2003)。

需要注意的是，近期有研究者发现个体感受问卷和自我情感测试两个量表的结果一致性非常差 (Tignor & Randall Colvin, 2019)。两个量表的结果与一系列其他的人格、情绪状态和行为的相关模式都不相同。自我情感测试量表作为一个道德情绪量表，只是在测量人们的行为模式却并没有测量人们的情绪体验 (Tignor & Randall Colvin, 2019)，而个体感受问卷虽然测量了人们的情绪体验，却完全没有涉及人们的行为模式。可见，对内疚和羞耻特质进行更加全面和完整的测量的量表还亟待开发。

四、认知神经科学方法

两种主要的认知神经科学的方法包括磁共振成像（magnetic resonance imaging, MRI）和脑电图（electroencephalogram, EEG）。磁共振成像是一种对物体或生物的内部结构或动态生理过程进行成像的技术，具有很高的空间分辨率。磁共振成像又可以细分为结构磁共振成像（structual magnetic resonance imaging, sMRI）和功能磁共振成像（functional magnetic resonance imaging, fMRI）。结构磁共振成像可以对人类大脑的不同组织结构（如：脑脊液、白质和灰质）进行高分辨率的成像。该技术适合用于人格特质的研究，因为人格特质属于长时间存在且非常稳定的心理结构，会与大脑的生理组织发生持久而缓慢的相互作用 (Gardini, Cloninger, & Venneri, 2009)。有研究者对内疚与羞耻特质、脑结构与年龄之间的关系进行了研究 (Whittle, Liu, Bastin, Harrison, & Davey, 2016)。研究显示，随着年龄的增长，高羞耻特质的被试的眶额叶皮层厚度没有显著改变，而低羞耻特质被试的眶额叶皮层厚度显著降低；而在内疚特质方面，则没有发现类似的显著结果 (Whittle, Liu, Bastin, Harrison, & Davey, 2016)。此外，Nakagawa 等人 (2015) 报告称成人被试的内疚特质评分与后部脑岛的灰质密度显著相关。

研究内疚和羞耻生理机制的一种更直接的方法是，观察个体在体验内疚和羞耻的过程中，大脑发生了哪些动态的生理过程。功能磁共振成像可以观察不同脑区附近血液的含氧量，并以此推断出哪些脑区参与了特定的任务。因此，利用功能磁共振成像技术可以了解哪些脑区可能参与了内疚和羞耻情绪的加工。已有不少研究对可能与内疚和羞耻加工有关的脑区进行了报告，涉及背内侧前额叶、腹外侧前额叶、背外侧前额叶、颞顶联合区、前扣带回、杏仁核、脑岛等等 (Bastin, Harrison, Davey, Moll, & Whittle, 2016; Roth, Kaffenberger, Herwig, & Bruehl, 2014;

Wagner et al., 2011; Yu et al., 2014)。

脑电图可以通过采集个体头皮表面电信号的方式，去了解大脑的活动情况(Lindsley, 1952)。通过锁时、预处理、叠加平均、时频分析等分析手段，可以得到一些脑电成分或神经震荡信号指标。这些不同的指标，通常与不同的心理认知过程有关(Gevins et al., 1979)。因而可以据此推测内疚和羞耻可能涉及的心理活动。此外，脑电技术具有时间分辨率高的特点，该特点有助于了解内疚和羞耻的时间加工进程。目前尚没有研究利用脑电技术来研究羞耻，仅有一篇研究利用脑电技术对内疚进行了探索。该研究发现，内疚情绪越强，个体的P3成分振幅会越大(Leng, Wang, Cao, & Li, 2017)。P3与情绪的强度以及一些高级的认知加工有关(Leng et al., 2017)，更大振幅的P3可能代表更强的情绪反应或更复杂的认知加工活动。

第五节　内疚和羞耻的相似性与差异性

一、内疚和羞耻的相似性

内疚与羞耻作为两种经典的道德情绪，都在人际互动和社会关系中发挥着关键的作用，具有很多的相似之处 (Haidt, 2003)。就认知过程来说，处于内疚和羞耻状态的个体都会关注到他人的情绪和想法，责备自己，并停止违反社会规范的行为 (Bastin, Harrison, Davey, Moll, & Whittle, 2016; Tangney & Dearing, 2003)。研究者们总结被试在处于内疚和羞耻情绪时的想法后，提出心理理论（theory of mind）的能力（即，理解他人想法和感受的能力）和自我概念的感知是内疚和羞耻情绪所必需的心理要素 (Heerey, Keltner, & Capps, 2003; Tangney & Dearing, 2003)。儿童心理发展的实验研究结果也支持了这种观点。实验研究发现，儿童开始具备心理理论能力和自我概念的阶段大约在三岁，这也正是儿童逐渐开始能够感受到内疚和羞耻的时间 (Brüne & Brüne-Cohrs, 2006; Kochanska & Aksan, 2006; Nelson & Fivush, 2004)。就体验感受来说，内疚和羞耻都会给个体带来高强度的负性感受和心理疼痛感 (Carnì, Petrocchi, Miglio, Mancini, & Couyoumdjian, 2013; Tangney & Dearing, 2003)。这种负性的体验格外强烈，以至于个体有时候会为了减缓这两种情绪而做出自我惩罚行为，如：主动电击自己或把身体的某一部分放入冰水之中 (Bastian, Jetten, & Fasoli, 2011; Nelissen & Zeelenberg, 2009)。就脑神经活动而言，与内疚和羞耻有关的脑区包括心理理论脑区，如颞顶联合区和颞上沟 (Finger, Marsh, Kamel, Mitchell, & Blair, 2006; Petra Michl et al., 2014; Moll et al., 2007; Takahashi et al., 2004; Wagner et al., 2011)；自我参照加工脑区，如背内侧前额叶、后扣带回和前扣带回 (Finger et al., 2006; Fourie, Thomas, Amodio, Warton, &

Meintjes, 2014; Petra Michl et al., 2014; Moll et al., 2007; Shin et al., 2000)；情绪脑区，如杏仁核和脑岛 (Finger et al., 2006; Shin et al., 2000; Wagner et al., 2011; Yu et al., 2014)。

二、内疚和羞耻的差异性

虽然内疚和羞耻具有一定的相似性，但这两种情绪也存在概念和理论方面的差异 (Tangney, 1995, 1996)。在内疚状态下，个体关注的是自己对他人做出的行为，会谴责自己行为的不道德性，例如，“我对别人做出了不好的行为”，关注点主要在行为，以及行为的对象上；而在羞耻状态下，个体关注的是自己本身，并且会否定自我，例如，“我是一个糟糕的人”，关注点主要在自我的本身上 (Lewis, 1971; Tangney & Dearing, 2003)。个体关注点的差异会给内疚和羞耻带来不同的心理活动和行为反应。与羞耻相比，内疚会涉及更多他人导向的共情与心理理论（other-oriented empathy/theory of mind）(Tangney, Stuewig, & Mashek, 2007; Tangney, Stuewig, Mashek, & Hastings, 2011; Tangney & Dearing, 2003)。这种心理活动表现出对他人的关注与关心，会促使个体做出修复人际关系的行为（relationship-reparation behaviours），包括补偿、道歉和自我惩罚等等 (de Hooge et al., 2007; Howell, Turowski, & Buro, 2012; Yu et al., 2014)。与羞耻相比，内疚会涉及更多的自我导向的负性自我形象关注。这种心理活动表现出负性的自我关注，会引导个体做出形象修复的行为，如回避、逃离和尝试自我提升 (de Hooge et al., 2010; Gausel & Leach, 2011; Sznycer et al., 2016)。

随着个体年龄增长，其内疚和羞耻特质会发生不同的改变。Orth 等人 (2010) 横向调查了 2611 名 13 ～ 89 岁的被试发现，被试们的内疚特质得分会随着年龄的增长而增长，并在七十岁左右到达一个平台期。Orth 等人 (2010) 把内疚视为一种适应性的积极情绪，内疚特质评分随年龄递增的趋势表明个体越来越成熟，学会了承担责任，并采用合理的、被群体所认同的方式去解决问题。被试们的羞耻特质的得分会随着年龄的增长呈现出 U 形曲线的模式，即从青少年开始到中年一直下降，在五十岁左右到达最低点，在这之后缓慢回升。羞耻特质评分的先降后升可能是因为，从少年到中年，个体的能力不断地提升，自我感觉和评价也不停增长，因此羞耻倾向会不断地降低。而从中年到老年的过程中，个体的能力和控制感都在不断下降和丧失，因而羞耻情绪又开始回升。

内疚和羞耻在涉及的脑区上也存在着区别。已有四个功能磁共振研究对内疚和羞耻的脑区激活差异进行了直接的比较。其中，三个研究利用想象范式对内疚和羞耻情绪进行激发 (Michl et al., 2014; Pulcu et al., 2014; Takahashi et al., 2004)。其中，Takahashi 等人 (2004) 的针对正常成年人的研究结果显示，与羞耻相比，内疚会激活内侧前额叶；与内疚相比，羞耻会激活颞中回、海马体和视觉皮层。Michl 等人 (2014) 同样是针对正常成年人的研究，却发现了与 Takahashi 等人 (2004) 不一致甚至相反的结果。他们发现，与羞耻相比，内疚会激活脑岛、颞中回和梭状回；与内疚相比，羞耻会激活背部前扣带回、内侧前额叶、后扣带回和海马旁回。Pulcu 等人 (2014) 的研究则表明，在抑郁症患者组成的被试群体中，与羞耻相比，内疚会激活后部脑岛和杏仁核；在正常人组成的被试群体中，则没有显著的结果。还有一项研究，利用回忆范式对内疚和羞耻情绪进行激发 (Wagner et al., 2011)。其结果发现，与羞耻相比，内疚会激活背内侧前额叶、颞上沟、颞极、眶额叶、背外侧前额叶、前脑岛、杏仁核和小脑；与内疚相比，羞耻不会显著激活任何脑区。可以发现，上面的研究结果存在不少不一致甚至前后矛盾的地方。这种局面可能是上述研究所使用的研究范式（想象范式和回忆范式）的局限性造成的。

第六节　内疚和羞耻理论的构建与发展

一、关注点理论与其支持证据

基于其临床工作经验和精神病学理论，Lewis 首先提出内疚和羞耻的重要区别在于个体对自我（self）的关注情况 (Lewis, 1971)。她认为，个体处于羞耻状态时，会非常关注自我，对自我有强烈的负面评价，其内心的想法是：我是一个差劲的人。而个体处于内疚状态时，对自我的关注相对较少，对自己做出了什么行为更加关心，其内心的想法是：我做了一件不好的事。在本书中，我们将这一理论称为关注点理论（见图 1–2）。

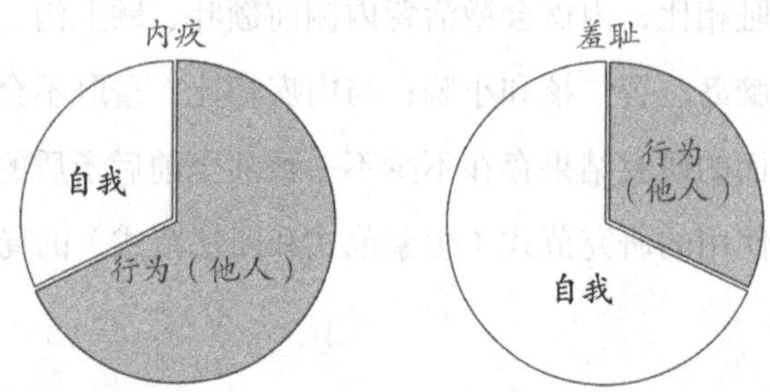

图 1–2　个体处于内疚或羞耻时，对自我和行为（他人）的关注所占比例的示意图

后续很多研究都支持 Lewis 的理论观点。Wicker, Payne, & Morgan (1983) 在两个实验里让 152 名被试回忆内疚和羞耻的经历，并回答一系列的问题。虽然每位大学生被试写下的事件并不相同，但结果还是发现，整体来说，相比于内疚，在羞耻状态时，个体会觉得自己的权力感、自我控制感更低，自己不如别人。同样，Tangney & Dearing (2003) 让 65 名大学生匿名写下自己生活中发生的内疚和羞耻事件，之后再让他们报告一些体验和感受。结果也发现，相比于内疚，个体在羞耻状态时觉得自己低人一等、有自己很渺小的感觉。上述的两个研究说明，相比于内疚，羞耻确实可能更多地涉及对负面自我的关注。另外，大量研究都报告称，

处于羞耻状态的个体有想要逃离和躲藏的倾向 (Barrett, Zahn-Waxler, & Cole, 1993; Lewis, 1971; Lindsay-Hartz, 1984; Tangney et al., 1992)。这可能是由于羞耻与自我的消极评价的密切联系，羞耻状态下的个体会丧失控制感，所以才更倾向于采用逃避的消极方式来面对问题。

为关注点理论提供支持的证据还包括反事实思考（counterfactual thinking）的研究。反事实思考是指，想象如果之前某些要素发生改变，可能导致已经发生的事情有不同的结果 (Roese, 1997)。例如：有人撞伤了宠物狗，他可能会想，"如果我之前注意周围情况的话，估计就不会伤害狗了"；他也可能会想，"如果我是个更谨慎的人，估计就不会伤害狗了"。对于第一种反事实想象，其关注点在行为上。而对于第二种反事实想象，其关注点在自我的特质上。研究者们进行了一系列独立的反事实思考实验以了解内疚和羞耻的差异 (Niedenthal, Tangney, & Gavanski, 1994)。在其中的一个实验里，要求被试回忆一件内疚或羞耻的事件，并进行反事实思考。研究者通过对被试所报告的内容进行统计后发现，对于羞耻事件，被试进行的反事实思考更多地与自我有关；而对于内疚事件，被试进行的反事实思考更多地与行为有关 (Niedenthal et al., 1994)。该系列研究中的另一个实验则主动地对被试的关注点进行操控。两组不同的被试会看到一个相同的事件，该事件是特别选择过的，是一种既可以引发内疚，也可以引发羞耻的事件。该实验要求第一组被试进行与自我有关的反事实思考，即想象如果你是一个不同的人；要求第二组被试进行与行为有关的反事实思考，即想象如果你做出了不同的行为。之后，让被试报告其在该事件中会有多强的内疚和羞耻体验。结果发现，自我反事实思考组的被试报告了更强的羞耻体验，而行为反事实思考组的被试报告了更强的内疚体验 (Niedenthal et al., 1994)。反事实思考的研究，特别是其中对关注点进行直接操控的实验，支持了关注点理论。

内疚和羞耻与其他的心理特点和结构的关系也从侧面检验了关注点理论。不少研究对各个年龄层的被试的内疚特质和羞耻特质与共情特质（包括体验他人情绪的能力和了解他人想法的能力，也称为心理理论）的关系进行了探索。结果的总体趋势是，个体的羞耻特质越高，个体在共情量表上的得分越低；而个体的内疚特质越高，个体在共情量表上的得分越高 (Leith & Baumeister, 1998;

Silfver, Helkama, Lönnqvist, & Verkasalo, 2008; Tangney, Wagner, Burggraf, Gramzow, & Fletcher, 1991; Tangney et al., 1992; Tangney et al., 1995)。还有研究在实验任务中直接诱发羞耻情绪，以了解其对被试共情的影响 (Marschall, 1997)。Marschall (1997) 让被试完成一个所谓的智力测验。对于羞耻组的被试，他们会被告知自己的表现非常差，并且主试会在一旁表现出夸张和吃惊的样子。而对于控制组，被试会得到一个中性的反馈。之后，被试会看到一个有残疾的学生，并需要报告自己在多大程度上关心该残疾学生。结果显示，羞耻组的被试的羞耻体验显著高于控制组的被试。并且相比于控制组，羞耻组的被试报告称自己没有那么关心有残疾的学生。而另一方面，有研究在实验室内让被试相信自己伤害了他人，以诱发被试的内疚情绪 (Yu et al., 2014)。结果发现，越内疚的被试越可能去关注到他人，（可能出于他人导向的共情）做出一些有利于他人的补偿行为 (Yu et al., 2014)。对于内疚和羞耻与共情的关系的一个可能的解释是：处于羞耻状态时，个体关注的是负性的自我，注意力是向内的，这会阻碍个体把注意力投向别人，从而不会对别人共情；而处于内疚状态时，个体的关注点是自己的行为，注意力本身就是向外的，注意点会自然而然地随着自己的行为转向自己行为的对象，从而去关心他人（受害人）的想法和感受 (Tangney & Dearing, 2003)。

大量研究发现，个体的羞耻特质与愤怒特质及攻击特质呈正相关关系，即越倾向于或越经常体验到羞耻的个体，越会感到对他人的愤怒和对他人进行攻击；而个体的内疚特质与愤怒特质及攻击特质呈负相关或无关 (Barrett et al., 1993; Elison, Garofalo, & Velotti, 2014; Ferguson, Eyre, & Ashbaker, 2000; Hoglund & Nicholas, 1995; Lindsay-Hartz, 1984; Tangney et al., 1995; Tangney, Wagner, & Gramzow, 1992; Tangney, Wagner, et al., 1996; Velotti, Elison, & Garofalo, 2014)。且该结果在不同年龄阶段的被试（儿童、青少年和成人）身上都被重复发现 (Lutwak, Panish, Ferrari, & Razzino, 2001; Muris, 2015; Tangney, Wagner, Fletcher, & Gramzow, 1992; Tangney, Wagner, et al., 1996)。支持关注点理论的研究者们的解释是，羞耻特质更强的个体，会有更高强度的自我否定，从而也会感受到更高强度的痛苦感受。在某些情况下，为了消除这种痛苦，个体可能将自己的责备向外转移，把矛头指向他人。这种向外不是向外关心他人，而是向外释放敌意，即通过推卸责任、转移注意力的方式来缓解自己的痛苦，具体表现为对他人的愤怒和攻击。而内疚时，个体对自我的否定程度没有羞耻那么强，带来的疼痛感也会较少，因而不会有特别多的愤怒和攻击的产生 (Elison et al., 2014; Velotti et al., 2014)。另外，内疚特质与共情特质呈正相关，而共情是可以抑制愤怒和攻击的 (Tangney & Dearing, 2003)。这可能是内疚特质与愤怒特质及攻击特质呈负相关或无关的原因。

在与一些心理和行为问题的关系上，内疚和羞耻也表现出了不同。有研究表明，羞耻特质与多种心理问题高度相关，包括抑郁和焦虑等，然而内疚却与大部分这些问题无关 (Muris, 2015; Tangney, Wagner, Hill-Barlow, Marschall, & Gramzow, 1996)。Tangney 等人 (2014) 发现，被捕入狱的罪犯们的内疚特质得分越高，其出狱后再次犯罪的概率越低；而被捕入狱的罪犯们的羞耻特质得分与再次犯罪率的关系则相对复杂。中介分析发现，在直接路径上，羞耻特质得分与再次犯罪率之间的直接关系是负相关的。然而，在间接路径上，羞耻特质得分可能会通过增加罪犯谴责他人的倾向（向外攻击的一种形式），从而提高再次犯罪率。关于儿童的研究则发现，被试儿童时期的内疚特质与其高中甚至大学时期的辍学率、毒品使用率和危险性行为呈负相关；而被试儿童时期的羞耻特质则与其未来辍学率、毒品使用率和危险性行为呈正相关 (Tangney & Dearing, 2003)。根据关注点理论，造成这些差异的原因可能是，对人们来说，最重要的目标之一就是维持一种对自我的认可，高羞耻特质个体对自我的长期否定很可能会带来各种各样的问题，影响其心理健康，造成行为问题 (Tangney, 1993)。而内疚特质个体所伴随的一些共情特质和亲社会行为倾向，如补偿与合作，则可能给个体在心理健康和行为模式上带来积极的影响 (Hooge, Zeelenberg, & Breugelmans, 2007; Tangney & Dearing, 2003)。

综合上述的实验证据可以发现，羞耻主要涉及对负性自我的关注，与自我否定、愤怒、攻击、问题行为和心理疾病紧密相连，似乎是一种会给个体生活带来大量问题和麻烦的情绪。与羞耻恰恰相反，内疚主要涉及对行为和他人的关注，似乎通常促使个体做出有益的行为，没有明显的弊端。因此，伴随关注点理论产生的一种观点是，羞耻是一种不具有适应性的，甚至病态的情绪，而内疚是一种具有适应性的情绪 (Tangney & Dearing, 2003; Tangney, Wagner, & Gramzow, 1992)。

二、关注点理论难以解释的实验发现

内疚和羞耻的关注点理论得到不少实验证据的支持，也具有一定的理论解释力。但近些年，随着研究的增多和深入，人们发现越来越多的实验结果难以用关注点理论加以解释。在羞耻方面，de Hooge 等人 (2010) 的一系列实验发现，羞耻不仅会促使个体产生逃避的动机，同时也会让个体产生直面问题和解决问题，以恢复自我形象和社会形象的动机。这两种动机会受到个体自身能力和问题难度的影响，并最终决定个体选择逃避问题或直面问题 (de Hooge et al., 2010; de Hooge, Zeelenberg, et al., 2011)。例如，相比于问题难度较大的情境，当问题难度较小时，羞耻情绪更会促使个体去直面问题，以尝试证明自己的能力，恢复积极的自我形象 (de Hooge, Zeelenberg, et al., 2011)。此外，羞耻其实在特定情境中也可以促进亲社会行为。de Hooge 等人 (2008) 进行的多个实验都发现，相比于他人并不知道被试的某些缺陷，如果他人知道被试的某些缺陷，在随后的经济游戏中，被试愿意付出更多的代价以给他人带来好处。还有，羞耻其实也会让个体产生一些对自己有益的动机。Lickel 等人 (2014) 发现，羞耻可以独立于内疚和懊悔预测个体想要提升自己的动机，即羞耻（有时）可以让被试想要变得更好。关注点理论所认为的羞耻是个体主要在关注负面自我，而对自己的否定导致适应不良的行为的观点，似乎很难解释为什么羞耻会在不同的情况下使个体产生完全相反的动机与行为，以及为什么羞耻似乎也会给个体带来有益的心理活动和行为。

在内疚方面，研究者们发现内疚与人际利益存在着微妙的关系。Nelissen(2014) 对内疚与人际效用（relational utility）的关系进行了探究。他将人际效用定义为个体需要通过人际交往让他人帮助自己达成某个个人目标的目标价值（Nelissen, 2014)。简单来说，可以将人际效用理解为维持一段人际关系可以给个体带来的潜在利益大小。三个实验中，Nelissen(2014) 均发现，某段关系的利益价值越大，当关系受损时，被试的内疚体验越强。具体来说，在实验一中，被试会被引导认为，由于自己的原因，同伴不得不去进行一项无聊的任务。接着，被试被告知，该同伴可以在他自己和被试之间自由分配 20 欧元或 1 欧元（被试间设计）。之后，被试需要报告自己的内疚程度。结果发现，相比于同伴可以分配 1 欧元，当同伴可以分配 20 欧元时，被试会觉得更加内疚。在实验二中，被试需要写下不同的朋友的名字，并评价他们在帮助自己提高学习成绩和给自己带来社交快乐方面有多大的作用。接着，实验会对学习成绩或社交快乐目标进行启动（被试间设计）。之后，被试需要想象如果自己伤害了一个能帮助自己学习的朋友和伤害了一个能给自己带来社交快乐的朋友时分别会有多内疚。结果显示，如果启动的是学习成绩目标，相比于伤害了能给自己带来社交快乐的朋友，伤害了能帮助自己提高学习成绩的朋友时，被试会更加内疚。而如果启动的是社交快乐目标，相比于伤害了能帮助自己提高学习成绩的朋友，伤害了能给自己带来社交快乐的朋友时，被试更加内疚。在实验三中，被试会被告知自己将与其他几个伙伴一组，与另外一组进行辩论比赛。之后，被试会了解到想要赢得比赛，自己需要在很大程度上依赖其他伙伴或自己无需依赖其他伙伴（被试间设计）。接着，被试会被引导认为，自己一定程度上伤害了自己组内其他同伴的经济利益。结果显示，相比于被试无需依赖其他伙伴，当被试需要依赖其他伙伴以赢得比赛时，被试会更加的内疚。此外，de Hooge 等人 (2011) 也发现内疚和利益因素有关。在一系列实验中，研究者让被试想象自己伤害了他人的利益以诱发被试的内疚 (de Hooge et al., 2011)。之后，被试可以选择牺牲自己的利益或牺牲一个无关的第三方人员的利益以对之前的受害者进行补偿。结果一致发现，被试更倾向于牺牲无关的第三方的而非自己的利益去补偿受害人。关注点理论所认为的，内疚时个体主要在关注自己的行为产生的伤害，对受害人进行共情性关心，从而做出亲社会行为的观点，难以解释内疚为什么会与人际效用及个体的私人利益紧密相关。综上，研究者们需要新的切入点来更全面地理解内疚和羞耻。

三、进化心理学视角：情绪功能主义与代价收益理论

进化心理学的情绪功能主义（functionalism in emotion）和代价收益理论（cost-benefit theory）为理解内疚和羞耻提供了新的视角。进化心理学的情绪功能主义观点认为，情绪是具有特定功能的 (Campos, Mumme, Kermoian, & Campos, 1994; Keltner & Kring, 1998)。当个体面对不同的问题和挑战时，不同的情绪就会随之产生，帮助个体快速地采取特定的方法去应对 (Keltner & Kring, 1998)。经过自然选择一代又一代的筛选，人类认知系统里保存的情绪成为了能够可靠地解决特定问题的心理结构 (Keltner & Kring, 1998)。以恐惧为例，情绪功能主义认为，恐惧的

功能在于帮助个体躲避危险 (Slobounov, 2008)。个体在恐惧时会产生害怕和畏缩，促使个体进行躲藏，抑制不必要的冒险，从而避免被比其更强大的生物或无法掌控的事物伤害，并因此更可能存活下来 (Delgado, Jou, LeDoux, & Phelps, 2009)。

进化心理学的代价收益理论认为，某种心理结构（如亲社会性）或行为模式（如利他、补偿）想要被保持、续留下来，从长远来看，个体因此获得的收益（如他人的报答和回馈、好的社会声誉、更多的合作机会）应该比个体为此付出的代价要更多 (Chen, 2013; Nowak, 2006; Sober, 1992)。只有这样，个体才有可能因此获利，进而获得生存的优势。然而人类社会具有复杂性和多样性，以同样的行为模式去面对不同的社会环境，可能不是最好的应对方式 (Layard, Layard, & Glaister, 1994; Pearce, Atkinson, & Mourato, 2006)。以利他行为为例：在小的社区里，人口流动性小，如果个体乐于帮助他人，通常会在未来得到他人的回馈，并在社区中获得好的声誉，有利于自己的生存和发展；而在大都市里，人口流动性大，个体对他人的帮助可能不会收到回报，因为有些受助者在接受帮助后离开了，没有机会进行回馈。如果个体依然选择无条件地帮助他人，因帮助他人的代价大于个体获得的回馈收益，个体就可能会丧失生存优势。因此，在不同的环境里，个体需要根据具体情况进行代价收益分析，尝试确保行为的整体收益会大于代价 (Pearce et al., 2006)。下面我们具体来分析一下情绪功能主义和代价收益理论是如何帮助研究者们理解内疚和羞耻的。

四、进化心理学视角下的内疚和羞耻

首先对羞耻进行分析。以情绪功能主义为出发点，Sznycer 等人（2016）提出，羞耻的功能在于帮助个体抵御他人的消极评价，并将其称为羞耻的信息威胁理论。在集体生活中，个体的生存很大程度上依赖于与他人的互动与合作。如果他人对个体产生消极看法，可能会排挤个体，从而威胁个体的生存。羞耻是为了应对这种情况而出现的一种情绪。它会时刻监控他人对个体潜在的或已存在的消极评价，并引导个体做出应对。具体而言，Sznycer 等人 (2016) 认为，对羞耻情绪的预期会预防个体做出引发他人消极评价的行为；羞耻会督促个体设法不让他人了解到对自己不利的信息；当消极评价确实发生了，个体会尝试减缓他人对自己的消极评价。Sznycer 等人 (2016) 利用大规模的调查对羞耻会监控他人对个体的消极评价这一猜想进行了验证。他们招募了来自三个不同文化背景（美国、伊朗和印度）的被试，将不同文化背景的被试各分为两半。一半被试会看到一些以“他”为主语的描述，例如，“他对别人很吝啬”“他无法好好照顾自己的孩子”，并需要报告自己会在多大程度上负面地看待该个体；另一半的被试会看到完全相同的描述，不过主语变成“你”，例如，“你对别人很吝啬”“你无法好好照顾自己的孩子”，并需要想象自己处于该描述中的情况，自己会在多大程度上感到羞耻。结果发现，各种文化背景下的个体的羞耻体验强度与他人的消极评价强度呈正相关；并且某种文化背景下的个体的羞耻体验强度，与其他文化背景下的他人的消极评价强度也呈正相关。该结果说明，羞耻确实在追踪监控他人对个体的消极评价。这为羞耻的信息威胁理论提供了支持性的证据。

相比于关注点理论，羞耻的信息威胁理论能更好地解释为什么羞耻和多种不同的甚至完全相反的动机和行为相关联。羞耻会促进个体的逃避和躲避行为，是为了避免自己的缺陷持续被暴露，减少知道不利于自己的信息的人数；羞耻促进个体做出亲社会行为，则是因为当自己某方面的缺陷在短时间内无法改变时，个体倾向于尝试在其他方面增加自己在他人心目中的分量，从而减缓他人对自己的消极评价，例如，个体可能因为他人了解自己不擅长唱歌而去取悦他人，因为个体无法在短期内提高唱歌水平，则可能选择分享更多的食物给他人，以证明自己对他人的价值；羞耻会促进个体直接面对问题、解决问题以及提升自我，是因为个体想从根本上改变他人对自己在特定方面的消极看法。代价收益理论则可以帮助研究者们理解，羞耻个体如何在对抗他人消极评价的各种行为策略中进行选择。例如，某个个体如果把某一方面的缺点暴露给了他人，他既可以选择去提升这一方面能力以改变他人在这方面对他的消极评价，如学习唱歌；也可以选择从另一方面增加自己在他人心目中的分量，如花费更多时间帮助他人捕猎。在这种情况下，个体会根据学习唱歌和帮助他人捕猎对自己的难度来决定如何选择，即考虑这两种行为哪一种对自己来说需要付出的代价更小。

另一方面，进化心理学家从情绪的功能主义出发，认为内疚的功能在于避免个体忽视他人的利益、弥补对他人造成的伤害，以维持一段有价值的人际关系(Sznycer, 2019; Sznycer et al., 2016)。如果单独来说，相比于关注点理论，这一观

点并没有对 de Hooge 等人 (2011) 和 Nelissen(2014) 的实验结果提供更强的解释。不过当它与代价收益理论结合在一起后，就能够较好地解释上面的研究结果了。以代价收益理论为基础进行推导可以得出，内疚不应该无条件地促使个体做出弥补行为。因为弥补行为是有代价的，内疚应该尽可能地让个体去修复更有价值、更能给个体带来收益的人际关系。考虑到内疚体验越强，个体就越可能做出补偿行为 (Yu et al., 2014)，如果内疚具有进化上的适应性，那么内疚体验的强度应该一定程度上能够反映人际关系价值。这一推论与 Nelissen(2014) 的实验发现（即某段关系的利益价值越大，当关系受损时，被试的内疚体验越强）相呼应。另外，内疚除了要让个体的收益更大以外，也应该让个体的付出的代价更小。许多研究都表明，相比于他人的利益，个体更看重自己所获得的利益 (Bogaert, Boone, & Declerck, 2008; R. O. Murphy, Ackermann, & Handgraaf, 2011)。行为经济学的模型也表示，在个体心目中，自己获利的效用，要大于他人获利的效用 (Bardsley, 2008; Camerer & Thaler, 1995)。所以，相比于牺牲自己的利益，牺牲他人的利益对个体来说代价更小。而这就解释了 de Hooge 等人 (2011) 所发现的，相比于牺牲自己的利益，内疚的被试更倾向于牺牲一个无关的第三方人员的利益，去对之前的受害者进行补偿。因为，用无关的第三人的利益去补偿受害者，对个体来说代价更小。就内疚而言，进化心理学的视角也为一些关注点理论难以解释的实验发现提供了新的理解思路。

五、关注点理论和进化心理学视角的关系

需要注意的是，内疚和羞耻的进化心理学视角与关注点理论并不是一个取代另一个的关系。两者之间更像是在相互补充和相互完善。关注点理论以个体的心理感受与认知活动为立足点，特别强调内疚和羞耻在内心关注点上的差异。但它并不是独断地认为，内疚时的个体只关心自己的行为和他人，羞耻时的个体只关心自我；而是指出在内疚和羞耻时，个体关心自己的行为、他人以及自我占心理活动的比例可能有所不同。因此，关注点理论与进化心理学视角并不矛盾。进化心理学的视角则是以人际交往和关系为立足点，强调的是内疚和羞耻在人际互动中可能起到的适应性作用。进化心理学的视角的引入，可以帮助人们理解更多关注点理论难以解释的实验现象，是对关注点理论的拓展与补充。

第二章

问题提出和研究思路

第一节　问题提出

一、从进化心理学的视角，理解内疚和羞耻与其他心理认知、情绪与行为的关系

很长一段时间以来，研究者们主要关心的是内疚和羞耻给个体带来的心理感受，注重内疚和羞耻过程中个体的内心活动 (Tangney, 1995; Tangney & Dearing, 2003)。对内疚和羞耻在人际关系中潜在的社会功能的探索一直处于空白状态。直到近些年，研究者们才开始尝试从进化心理学的角度，从情绪的社会功能出发，去理解内疚和羞耻 (Sznycer, 2019 Sznycer et al., 2016, 2018)。因此，许多前人关于内疚和羞耻的研究构想、实验设计和结果解释，都没有考虑到内疚和羞耻的社会人际功能。当前的研究现状是，虽然内疚和羞耻的进化心理学的视角具有很强的理论合理性，但支持性的实验证据还十分有限 (Sznycer, 2019; Sznycer et al., 2016)。以内疚和羞耻的进化心理学的视角为指导进行实验设计，是否可以发现一些之前没有发现的实验结果，且更全面地了解内疚和羞耻及其相关的心理认知、情绪与行为，并更深入地理解其对应的社会功能呢？本研究计划将进化心理学视角引入对内疚和羞耻的研究中，把理论与具体的环境相结合，以两组关系为研究背景（人际效用、内疚、自我惩罚和原谅；他人对羞耻事件的知晓情况、羞耻和愤怒），分别探究内疚和羞耻情绪可能的社会人际功能。

（一）人际效用、内疚和自我惩罚

许多研究已经发现，内疚与自我惩罚行为的关系非常紧密 (Bastian, Jetten, & Fasoli, 2011; Nelissen & Zeelenberg, 2009)。具体表现为，个体的内疚程度越高，其越有可能做出自我惩罚的行为 (Nelissen, 2011; Nelissen & Zeelenberg, 2009)。而且

在自我惩罚后，个体的内疚程度会降低 (Bastian et al., 2011)。以往对于这一现象的解释是，当个体伤害了他人后，会自然地产生被惩罚的冲动；当个体完成了自我惩罚后，就会重新回复到一种“平衡”的状态 (Bastian et al., 2011)。这一解释主要基于自我惩罚者自身可能的内心活动，且非常抽象 (Bastian et al., 2011)。进化心理学认为，内疚情绪的社会功能是维护、修复个体与他人的人际关系，特别是对自己有人际效用价值的关系 (Sznycer, 2019)。既然内疚与自我惩罚的关系非常紧密，那么由内疚引发的自我惩罚的作用是不是向他人释放一种真诚的悔过信号，以寻求他人的原谅呢？即自我惩罚除了可以在心理感受上让个体恢复舒适以外，是否也会在人际关系方面发挥作用，如修复受损的人际关系呢？此外，自我惩罚是有代价的 (Nelissen, 2011; Nelissen & Zeelenberg, 2009)，如果个体自我惩罚的代价，高于一段关系可能带来的利益，那么利用自我惩罚修复受损关系的策略就是不合理的。如果内疚真如进化心理学视角所预测的那样具有适应性的社会功能，那么内疚情绪是否会受到一段关系的人际效用的影响，并随之作用于自我惩罚行为呢？对上述问题的探索，有助于深入地理解内疚情绪的社会人际功能。

（二）他人对羞耻事件的知晓情况、羞耻和愤怒

大量研究发现，羞耻和愤怒呈现出正相关关系 (Elison et al., 2014; Scott et al., 2015; Velotti, Elison, & Garofalo, 2014)。个体的羞耻特质或羞耻情绪越强，其愤怒情绪和愤怒行为倾向也越强。大部分研究者对其的解释是，羞耻是个体对自我的一种否定，这种否定会带来强烈的负性情绪 (Elison et al., 2014)。如果个体能将羞耻转换为愤怒，将自我否定转换为责备他人，则可以缓解其在主观情绪上的痛苦 (Elison et al., 2014)。然而，从进化心理学的角度来看，羞耻的作用是帮助个体抵抗他人的消极评价 (Sznycer et al., 2016, 2018)，而愤怒在一段关系中的本质是在向他人提出更多的要求，希望他人给予自己更多的好处 (Sell et al., 2017)。在这样一段关系中，如果个体给他人带来的资源不变，却不断用愤怒去要求他人为自己提供更多的资源，他人很可能会选择中断这段合作关系，使得人际互惠终结 (Sell et al., 2017)。所以，愤怒并不总能帮助个体避免他人的消极评价和排挤，特别是当个体实际上处于劣势地位时，反而还有可能进一步惹恼他人 (Sell et al., 2017)。因

此，从这种逻辑分析可以推论，在有些情况下，羞耻有可能会抑制而不是促进愤怒，以确保自己在他人心目中的价值不会降低，避免被消极评价。在他人知晓发生在个体身上的羞耻事件即个体的缺陷暴露给他人时，个体为了减少他人对自己的消极评价，是否会抑制自己对他人的愤怒，从而避免被他人排挤呢？对上面这些问题的研究与探索，能帮助人们理解羞耻情绪的社会人际功能。

二、内疚和羞耻的脑神经机制

已有的关于内疚和羞耻的大部分的研究，都是围绕关注点理论，探究内疚和羞耻情绪的内心感受 (Tangney, 1995; Tangney & Dearing, 2003)。它们运用的研究方法主要是让被试进行自我报告和观察个体的外部行为表现 (Tangney & Dearing, 2003)。被试的自我报告可能存在不客观的成分，被试的行为则可能受到社会赞许性的影响。然而，人类所有的心理活动和行为决策都需要以脑活动作为生理基础 (Glimcher & Fehr, 2013)。认知神经科学手段的发展，提供了研究和探索内疚和羞耻脑神经活动的方法，有助于我们从更基础的层面去了解内疚和羞耻涉及的心理加工过程。那么，个体处于内疚和羞耻状态下的脑神经活动情况究竟是什么样的呢？对于特定的刺激，内疚和羞耻的脑神经活动是如何被调控的呢？对这些问题的探究，不仅有助于理解内疚和羞耻情绪的神经机制，反推其相关内心活动，而且可以对关注点的理论进行检验。

（一）内疚和羞耻加工的时间动态差异

通过对脑电数据进行处理和分析，可以得到一些与不同心理认知有关的脑电成分或神经震荡信号。通过对比内疚和羞耻在不同脑电指标上的差异，一定程度上可以了解内疚和羞耻在哪些心理认知过程上相同或相异 (Gevins et al., 1979)。而且，脑电技术具有很高的时间分辨率，可以观测到内疚和羞耻的加工是在哪个时间段产生差异的。因此，可以尝试用脑电技术去回答两个问题：一是内疚和羞耻是否真的如关注点理论所认为的那样，在共情 / 心理理论加工和自我参照加工方面存在差异？二是内疚和羞耻的加工差异是发生在认知加工的早期还是晚期阶段？这也是首个直接对内疚和羞耻的时间加工进程进行探究的研究。

（二）内疚和羞耻加工的空间功能定位差异

相比于脑电技术，功能磁共振成像在时间分辨率方面不占优势，但其具有更高的空间分辨率。通过功能磁共振成像，可以通过监测不同脑区的耗氧量，了解到内疚和羞耻具体与哪些脑区的活动有关。前人的研究，一定程度上已经帮助研究者了解了不同的脑区与哪些可能的心理认知过程有关 (Adolphs, 2009)。例如，研究发现，道德情绪会激活执行控制脑网络（如背外侧前额叶、腹外侧前额叶等）、情绪脑网络（如杏仁核、脑岛、丘脑等）、心理理论网络（如颞顶联合区、颞上沟）等等 (Michl et al., 2014; Pulcu et al., 2014; Takahashi et al., 2004)。功能磁共振成像的结果可以帮助了解内疚和羞耻在哪些心理认知加工上存在共性和差异。因此，功能磁共振成像技术也有助于回答内疚和羞耻是否真的如关注点理论所认为的那样，在共情 / 心理理论加工和自我参照加工方面存在差异的问题。

研究内疚和羞耻加工的空间定位差异，除了可以直接比较个体处于内疚和羞耻状态时脑神经活动的异同，还可以比较某些心理因素调控个体的内疚和羞耻时所作用的脑区的异同。死亡唤醒（mortality salience）是个体加工处理死亡有关的信息后所处的一种心理状态。它可以改变个体的认知、情绪以及行为方式 (Burke, Martens, & Faucher, 2010; S. Hu, Zheng, Zhang, & Zhu, 2018; Wisman & Koole, 2003; Zaleskiewicz, Gasiorowska, & Kesebir, 2015)。前人研究发现，死亡唤醒能够调节个体的道德情绪体验 (Arndt, Greenberg, Pyszczynski, Solomon, & Schimel, 1999; Harrison & Mallett, 2013)。结合功能磁共振成像技术，研究死亡唤醒调节内疚与羞耻的神经机制的差异，也有助于（间接）了解内疚和羞耻在共情 / 心理理论加工和自我参照加工方面的异同，帮助检验关注点理论。

第二节　研究整体思路

根据第一章的文献综述可以看出，关注点理论和新近的进化心理学视角是研究内疚和羞耻的两个主流理论。我们将以这两个理论为基础，对内疚和羞耻的心理和认知神经机制展开研究。研究将分为两个模块进行（见图 2–1）。模块一以进化心理学视角为理论基础，将尝试在不同的情景中研究内疚和羞耻情绪可能的社会人际功能。模块一中的研究一，将检验内疚情绪是否具有修复一段有人际价值的受损人际关系的社会功能。具体而言，研究一将以人际效用、内疚、自我惩罚和原谅为研究对象，使用人际互动范式和想象范式给被试创造出人际互动的情境，通过四个实验来探究，人际效用是否会影响内疚、人际效用是否会影响自我惩罚、人际效用是否会通过对内疚的影响来作用于自我惩罚（共情人格特质会以协变量的形式被控制）（实验 1 和实验 2）；以及受害者是否会感知和理解自我惩罚这种行为，并更倾向于原谅做出自我惩罚的个体，即内疚是否最终能通过各种路径达到修复受损人际关系的功能（实验 3 和实验 4）。

模块一中的研究二，将检验羞耻情绪是否具有抵抗他人消极评价，避免社会排挤的社会功能。在有些情况下，愤怒会（进一步）降低他人对个体的评价，使得他人对个体更加反感，并倾向于驱逐或排挤该个体 (Sell et al., 2017)。因此，在特定情况下，个体如果能控制自己的愤怒，会有助于个体预防他人可能的消极评价和排挤 (Sell et al., 2017)。具体来说，研究二将以他人对羞耻事件的知晓情况、羞耻和愤怒为研究对象，使用回忆范式和想象范式诱发被试的羞耻感，并通过四个实验来系统地探究，当他人知晓个体的羞耻事件时，羞耻是否会抑制愤怒（自尊人格特质会以协变量的形式被控制）（实验 5 和实验 6）；以及他人知晓个体羞耻事件的情况，是否会调节羞耻和愤怒的关系（羞耻人格特质会以协变量的形式被控制）（实验7和实验8），从而探索羞耻是否具有（或者在某些情况下具有）抵御或预防他人消极评价的功能。

模块二则是以认知神经科学的研究方法为手段，探究个体处于内疚和羞耻时的心理加工过程，从而检验和尝试拓展关注点理论。模块二中的研究三主要研究内疚和羞耻的电生理指标以及在时间加工上的差异。具体而言，研究三首先开发一个可以在人际互动环境中诱发内疚和羞耻的范式，以确保研究可以观测较为“纯粹”（不掺杂不必要的心理过程，如回忆和想象）的内疚和羞耻（实验9）。之后，研究会将人际互动范式与脑电技术相结合，探究内疚和羞耻在哪些脑电成分和神经震荡指标上存在差异，并了解内疚与羞耻在时间加工进程上的差异（实验10）。

模块二中的研究四主要尝试了解个体处于内疚和羞耻状态时的大脑活动，即各脑区血液含氧量的差异。具体来说，研究四将把人际互动范式和磁共振成像技术结合起来。除了使用传统的单变量激活分析以外，研究四还将使用具有更高敏感度的多变量模式对磁共振成像进行分析（实验11）。与基于单个体素的单变量激活分析不同，多变量模式分析是基于多个体素的，可以在更高的维度上对数据进行梳理，从而尽可能多地识别出可以区分内疚和羞耻的脑区信号。通常来说，不同的脑区可能会参与不同的心理加工过程。因此，可以在一定程度上利用磁共振成像的数据推测个体处于内疚和羞耻时的心理加工活动，从而检验和拓展关注点理论。

模块二中的研究五会探究死亡唤醒调节个体内疚和羞耻的神经机制异同。具体而言，研究五将结合回忆范式和磁共振成像技术。研究将使用传统的单变量激活分析和心理生理交互作用分析。心理生理交互作用分析可以展现出不同脑区的功能连接情况（实验12）。考虑到一些和道德情绪相关的心理活动涉及多脑区之间的协同加工，使用心理生理交互作用分析可能有助于发现死亡唤醒调节内疚和羞耻神经机制在脑区间功能连接方面的差异。研究五是在研究四的基础上，尝试在不同的情境中（个体处于死亡唤醒的状态下）观察内疚和羞耻的差异。这是对关注点理论的进一步检验，有助于了解关注点理论的适用范围。

总体来说，整个研究通过两条支线进行展开。模块一以进化心理学视角为指导，探究内疚和羞耻情绪的社会人际功能，希望能更系统地了解内疚和羞耻在人际关系、人际互动中的作用。模块一中的研究一以内疚为对象，通过研究其与人际效用、自我惩罚和原谅的关系，了解内疚的社会功能是否为修复有价值的人际关系。模块一中的研究二以羞耻为对象，通过研究其与羞耻他人知晓情况和愤怒的关系，了解羞耻的社会功能是否为对抗他人的消极评价。模块二围绕关注点理论，探究个体处于内疚和羞耻状态时的脑神经活动，希望通过认知神经科学的手段去检验、拓展关注点理论。模块二中的研究三，主要通过了解与内疚和羞耻有关的电生理指标，推测相关的心理加工过程。模块二中的研究四，主要通过探索与内疚和羞耻有关的脑区激活情况，推测相关的心理加工活动。模块二中的研究五，尝试通过检验死亡唤醒调控内疚和羞耻的神经机制的异同，间接推测与内疚和羞耻有关的心理加工过程。

两个模块的研究将可能分别为道德情绪的进化心理学视角和关注点理论提供新的实验证据。需要注意的是，两个模块并不是独立存在的，而是相辅相成的。这是因为，进化心理学视角和关注点理论本身就是互相补充的关系。以内疚为例，关注点理论提出，个体处于内疚状态时，会非常关注他人所受到的伤害，涉及较多的心理理论加工。正是因为这种对他人的关注与关心，使得内疚促使个体做出弥补、帮助他人的行为。而这些行为在客观上促成了进化心理学视角所提出的人际关系修复的功能。因此，虽然本研究分别以进化心理学视角和关注点理论为基础，分两个板块进行研究，但这两个板块的研究结果相互呼应，可以更全面地从个体内心的心理活动到外在的人际功能来理解内疚和羞耻。

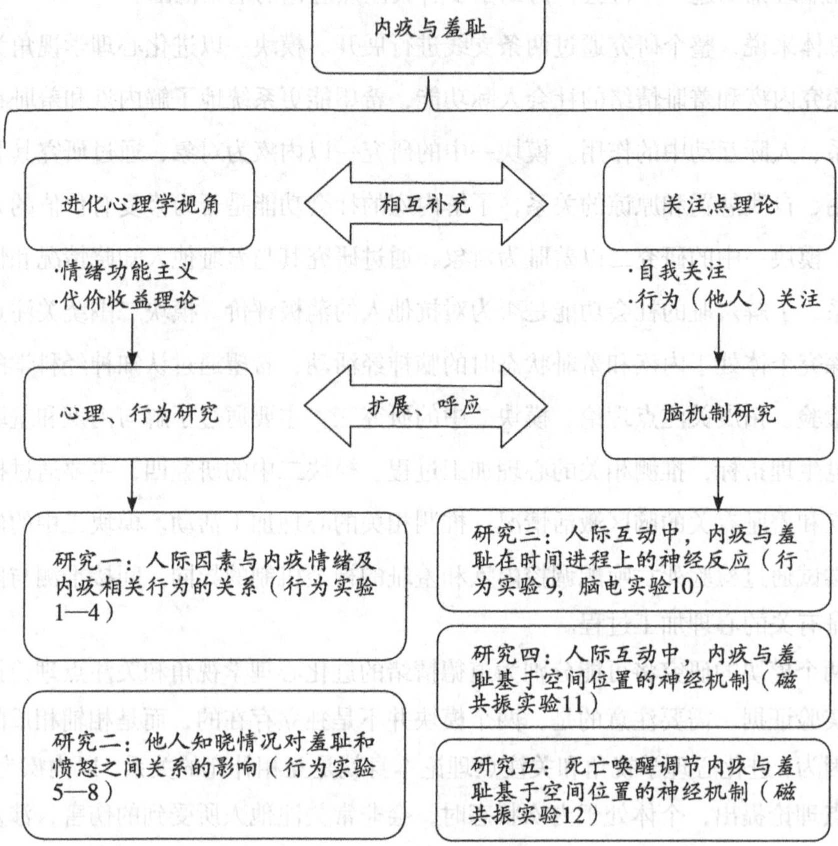

内疚与羞耻

进化心理学视角

·情绪功能主义
·代价收益理论

相互补充

关注点理论

·自我关注
·行为（他人）关注

心理、行为研究

扩展、呼应

脑机制研究

研究一：人际因素与内疚情绪及内疚相关行为的关系（行为实验1—4）

研究二：他人知晓情况对羞耻和愤怒之间关系的影响（行为实验5—8）

研究三：人际互动中，内疚与羞耻在时间进程上的神经反应（行为实验9，脑电实验10）

研究四：人际互动中，内疚与羞耻基于空间位置的神经机制（磁共振实验11）

研究五：死亡唤醒调节内疚与羞耻基于空间位置的神经机制（磁共振实验12）

图 2–1　研究思路示意图

第三章

研究一：人际因素与内疚情绪及相关行为关系的研究

第一节　研究背景与研究目的

研究一主要探讨人际因素与内疚情绪及相关行为之间的关系，包括四个实验：（1）实验 1，人际效用对内疚和自我惩罚的影响；（2）实验 2，人际效用和关系状态对内疚和自我惩罚的影响；（3）实验 3，违规者的自我惩罚对受害者原谅的影响；（4）实验 4，违规者的自我惩罚和口头道歉对受害者原谅的影响。

许多研究发现，内疚情绪通常发生在个体对他人造成伤害之后，并会促使个体做出各种对社会具有积极意义的行为，如道歉、补偿、捐赠等等 (de Hooge et al., 2007; Howell et al., 2012; Yu et al., 2014)。有研究者提出，内疚的功能在于让个体意识到其与他人关系的破裂，并促使个体修复受损关系 (Howell et al., 2012)。在此基础之上，Nelissen (2014) 提出内疚并不是无区别地促使个体修复一切受损关系，而是有选择性地让个体修复对其有人际效用的关系。Nelissen (2014) 对人际效用的定义是，与他人保持积极良好的关系所能给个体带来的利益。鉴于修复受损关系是有成本的，从功能主义适应性的角度出发，只有当维持一段关系可能带来的利益大于修复受损关系的成本时，个体才应该采取行动对受损关系进行修复，因此，内疚情绪会受到人际效用的影响。Nelissen (2014) 通过一系列实验改变受害者能够支配的金钱数额、受害者与个体的能力互补情况、个体对受害者的依赖程度来操控人际效用，发现受损关系的人际效用越大，个体越会感到内疚。虽然这一研究发现人际效用会影响个体的内疚情绪，但还不足以支持内疚会有选择性地让个体修复对其有人际效用的关系。因为，内疚情绪只是个体的心理感受，其本身是无法实现关系修复的。只有当内疚转换为具体的行为，而行为的信号又被受害者感知到，这才有可能最终实现对受损关系的修复。因此，本研究不仅研究人际因素如何影响内疚情绪，还在此基础上对内疚如何影响个体后续的行为模式以及该行为会如何被受害者感知进行探究。也就是，以进化心理学视角（包括情绪功能主义和代价收益理论）为指导，尝试完整地对人际受损—内疚情绪—自我惩罚—关系修复这一关系链进行探究，以检验内疚有助于个体选择性地修复有价值的人际关系这一观点。

在行为的选择方面，本研究选择以自我惩罚行为作为观察的对象。这主要出于以下两方面的考虑：一是前人的研究已经发现自我惩罚行为和内疚存在紧密的联系，当个体的内疚情绪越强，个体就会越倾向于自我惩罚 (Nelissen & Zeelenberg, 2009)；二是对于自我惩罚的行为意义的理解尚不全面。研究者们发现，个体在进行自我惩罚行为后，其的内疚情绪会减弱 (Bastian et al., 2011; Inbar, Pizarro, Gilovich, & Ariely, 2013)。这一结果似乎说明自我惩罚是为了缓解个体痛苦的内疚心理体验。然而，Nelissen (2012) 的研究则显示，相比于没有人和有一个无关人员在场时，当受害人在场时个体更倾向于进行自我惩罚。这一研究结果似乎说明自我惩罚可能被当作一种信号，是个体向受害人寻求原谅的一种手段。这些已有的研究说明，自我惩罚确实与内疚紧密相关，但其理论意义还存在一些模糊不清的地方。从进化心理学的角度上看，内疚的作用是帮助个体维持对自己有利的社会关系。那么，由内疚引发的自我惩罚有可能就是帮助个体修复受损关系一种行为手段。如果真是如此，而且受害人将自我惩罚看作一种违规者的道歉方式，那这将拓宽研究者们对自我惩罚行为的认识。

基于以上考虑，研究一将探索人际受损—内疚情绪—自我惩罚—关系修复这一完整的关系链，并检验内疚有助于个体选择性地修复有价值的人际关系这一观点。具体而言，实验 1 和实验 2 将研究人际因素（包括人际效用和人际状态）如何影响内疚情绪，以及内疚情绪如何影响个体的自我惩罚行为。实验 3 和实验 4 将研究自我惩罚行为是否真的能够被受害者感知到，并促进受害者的原谅，以帮助个体最终实现受损关系的修复。

第二节　实验1：人际效用对内疚和自我惩罚的影响

一、被试

被试的招募主要通过在学校网络论坛发布广告的形式进行。43名成年大学生自愿参与了该实验。根据被试的自我报告，所有被试身体健康，无精神疾病或精神疾病史。有3名被试因为错误理解实验指导语或对实验的真实性存在怀疑而被排除。最终的数据分析中，剩余40名被试，其中女性21名，男性19名，平均年龄为22.2岁，标准差为2.1年。

二、实验设计和流程

该实验为单因素（未来互惠机会：有未来互惠机会 vs. 无未来互惠机会）被试间设计。每次实验我们会邀请多名被试一起来到实验室，并确保他们之前彼此并不认识对方。到达实验室后，他们会被安排在独立的小隔间内通过电脑完成各个实验任务。

被试首先会被要求填写人际反应指数量表（Interpersonal Reactivity Index scale, IRI）(Davis, 1980)，该人格量表用于测量被试的共情倾向。Tangney 和 Dearing (2003) 发现人们的共情倾向与他们的内疚情绪体验强度呈正相关。考虑到该人格特质与内疚情绪紧密相关，该研究对该特质进行了测量，以帮助在后续数据分析时排除无关干扰变量。

随后，被试会被告知，他将随机与另外一名同学配对（事实上并不存在该同学，被试后面看到的都是电脑程序预设的情况），并与之一起参与一个时间估计的游戏（改编自 Nelissen & Zeelenberg, 2009, 实验二）。时间估计游戏有三个回合，每个回合中被试和配对的同学都会独立进行十个试次的时间估计以赚取游戏点数。游戏规则要求，在有些回合里，被试和配对的同学各自为自己赚取游戏点数；而在其他回合里，被试和配对的同学要为对方赚取游戏点数。最后游戏参与者拥有的点数越多（拥有的点数 = 自己为自己赚钱的点数 + 对方为你赚取的点数），获得的金钱报酬也会越多（如：10 个游戏点可以兑换 0.5 元人民币）。

在每个试次中，一盏红色的灯会在亮 2000 毫秒后变为绿色，而绿灯会持续亮下去直到被试进行按键。被试被要求在绿灯持续亮到 3000 毫秒的时刻按键。任何在绿灯亮了 2700 毫秒到 3300 毫秒之间的按键，都被认为是估计正确的。每次估计正确，将产生 10 个游戏点的奖励。在正式实验开始前，被试会进行一个回合（10 个试次）的游戏练习，以熟悉实验操作。随后，进入正式实验。在第一回合开始前，被试会被告知，该回合被试和配对的同学各自为自己赚取点数。无论被试的真实表现如何，在第一回合结束时，被试会看到，被试为自己赚取了 80 点，配对同学为他自己赚取了 80 点。第一回合的结果反馈将作为被试第二个回合表现的一个参照点。

在第二个回合开始前，被试会被告知，该回合被试和配对的同学将互相为对方赚取点数。回合结束时被试会看到，配对同学为被试赚取了 80 点，而被试只为配对同学赚取了 30 点。以第一回合的表现为参照，第二回合中被试一定程度上伤害了配对同学的经济利益，并且这一结果一定程度上暗示似乎被试只在意自己的利益而对别人的利益不上心。在这种情况下，配对同学和被试的合作关系可能会受损。

在第三回合开始前，被试被告知，该回合同时也是最后一个回合，被试和配对的同学各自为自己赚取点数（无未来互惠机会情境，该情境中配对的同学不会再影响被试的利益，即低人际效用条件）或被试和配对的同学将互相为对方赚取点数（有未来互惠机会情境，该情境中配对同学还会影响被试的利益，即高人际效用条件）。在了解完第三回合是为谁赚取点数的情况后，被试得知自己有一个主动减少自己已有点数的机会（实验所测量的自我惩罚行为）。减少自己点数的范围为零到自己已有的所有点数。被减少的点数会消失，并不会转移给配对同学，不过配对同学会通过一个简短的信息了解到被试自己减少了自己多少点数（如“对方主动减少了自己 X 点游戏点”）。在被试做完减少自己多少点数的决策后，被试会进行第三回合的时间估计游戏。第三回合的结束后，被试会被告知在看到第三回合的结果反馈前，他们需要先完成一些其他的问题。

被试被要求回忆并评价，当他看到第二回合的结果反馈时在多大程度上觉得内疚（guilty）、忧虑（distressed）、不安（upset）（1 = 完全没有或非常少，5 = 非常强烈）。对内疚以外的其他负性情绪进行测量是因为，研究想观察人际效用是否会对内疚情绪产生独特于其他负性情绪的影响。被试还需要回答一些关于对实验规则的理解、对实验真实性是否存在怀疑的问题。最后，实验员会向被试详细解释该实验，并对被试的疑问一一作答。

三、结果与讨论

为检测人际效用是否会影响个体的内疚情绪，研究以未来互惠机会为自变量，以被试的内疚评分为因变量进行了方差分析。结果发现，无未来互惠机会条件（$M = 3.60$，$SD = 1.31$）和有未来互惠机会条件（$M = 3.55$，$SD = 1.50$）里的被试的内疚回忆评分，无显著差异，$F(1,38) = 0.01$, $p = 0.911$, 偏 $\eta^2 < 0.001$。另外，将被试的忧虑回忆评分和不安回忆评分以及共情特质得分作为协变量放入方差分析，结果依然显示未来互惠机会对被试的内疚回忆评分无显著影响，$F(1,35) = 0.03$, $p = 0.861$, 偏 $\eta^2 = 0.001$。

为检测人际效用是否会影响个体的自我惩罚行为，研究以未来互惠机会为自变量，以被试减少自己的游戏点数的数额为因变量进行了方差分析。结果发现，相比于无未来互惠机会条件（$M = 20.75$，$SD = 22.14$），在有未来互惠机会条件（$M = 42.70$，$SD = 27.97$）下，被试减少自己的游戏点数数额要显著得多，$F(1,38) = 7.57$, $p = 0.009$, 偏 $\eta^2 = 0.166$。另外，将被试的忧虑回忆评分和不安回忆评分以及共情特质得分作为协变量放入方差分析，结果依然显示未来互惠机会对被试的自我惩罚有显著影响，$F(1,35) = 6.50$, $p = 0.015$, 偏 $\eta^2 = 0.157$。

本研究结果表明，当存在未来互惠机会，即维护一段关系有可能给个体带来利益时，个体更倾向于在受害者面前进行更强的自我惩罚。即使负性情绪和共情特质作为协变量被控制时，该效应依然显著。然而，本研究并没有和预期的一样发现未来互惠机会显著影响个体的内疚情绪。这可能是研究方法上的缺陷所造成的。在本研究中，被试是在做出自我惩罚的决定之后，对之前其伤害了对方时的内疚情绪体验进行回忆。有研究发现，自我惩罚行为本身是会影响个体的内疚情绪体验的 (Inbar et al., 2013)。因此，在被试做出自我惩罚决定后进行内疚情绪测量可能是不合适的。再者，本研究假设，相比于无未来互惠条件，在有未来互惠机会条件下，被试会认为维持一段关系更可能为其带来利益（即有更高的人际效用）。但是，本研究并没有对该假设进行验证。此外，本研究只研究了人际关系受损时的个体内疚情绪和自我惩罚行为，但没有一个人际关系没有受损的对照组。最后，本研究尚不清楚被试是否能意识到，其自我惩罚是可以影响受害者未来的行为，并给被试自己带来利益的。基于上述缺陷，下面的实验 2 将在实验 1 的基础上进行改进。

第三节　实验 2：人际效用和关系状态对内疚和自我惩罚的影响

一、被试

被试的招募主要通过在学校网络论坛发布广告的形式进行。138 名成年大学生自愿参与了该实验。根据被试的自我报告，所有被试身体健康，无精神疾病或精神疾病史。有 12 名被试因为错误理解实验指导语或对实验的真实性存在怀疑而被排除。最终的数据分析中，剩余 126 名被试，其中女性 98 名，男性 28 名，平均年龄为 21.6 岁，标准差为 2.2 年。

二、实验设计和流程

该实验为 2（未来互惠机会：有未来互惠机会 vs. 无未来互惠机会）× 2（关系状态：关系受损 vs. 关系无损）被试间设计。

实验 2 与实验 1 的规则和流程基本一样，但存在以下差异：（1）被试在参与实验前至少两天完成了人格量表的填写。（2）实验 2 增加了一个新的变量，即关系状态（关系受损 vs. 关系无损）。在两个新的控制条件下（关系无损且有未来互惠机会条件，关系无损且无未来互惠机会条件），第一回合里，被试和配对的同学各自为自己赚取 80 点；而在第二回合，被试和配对的同学互相为对方赚取 80 点。在这种情况里，被试和配对的同学的互惠关系不存在损伤。而剩下的两种条件（关系受损且有未来互惠机会条件，关系受损且无未来互惠机会条件）与实验 1 的有未来互惠机会条件以及无未来互惠机会条件对应。（3）在被试得知第三回合是为谁赚取点数之后（各自为自己赚取或互相为对方赚取），在被试做出自我惩罚的决定之前，对被试的情绪状态进行测量，并让被试评价自己与配对同学此刻的互惠关系状态（1 = 关系非常差，7 = 关系非常好）。

三、结果与讨论

首先，检测实验对关系状态的操控是否成功。以未来互惠机会和关系状态为自变量，以被试对互惠关系状态的评分为因变量进行方差分析。结果发现，关系状态的主效应显著，$F(1,122) = 380.55, p < 0.001$, 偏 $\eta^2 = 0.757$（见表 3–1）。该结果表明，实验对关系状态的操控是成功的，被试能够意识到互惠关系的受损。未来互惠机会的主效应（$F(1,122) = 0.74, p = 0.393$, 偏 $\eta^2 = 0.006$）、未来互惠机会和关系状态的交互作用（$F(1,122) = 1.19, p = 0.277$, 偏 $\eta^2 = 0.010$）均不显著。

表 3–1　关系评分、负性情绪、共情特质以及减少点数的平均数和标准差

	关系受损		关系无损	
	有互惠	无互惠	有互惠	无互惠
关系评分	3.30 (1.40)	3.34 (1.00)	6.87 (0.34)	6.53 (0.78)
忧虑评分	2.42 (0.90)	2.22 (1.26)	1.26 (0.58)	1.53 (0.78)
不安评分	2.18 (1.18)	2.00 (1.11)	1.42 (0.85)	1.83 (1.05)
内疚评分	4.09 (1.04)	3.44 (1.24)	1.03 (0.18)	1.23 (0.57)
共情特质	3.43 (0.38)	3.33 (0.45)	3.56 (0.28)	3.49 (0.31)
减少点数	32.27 (16.82)	12.19 (19.30)	0.16 (0.90)	1.67 (5.92)

注：有互惠 = 有未来互惠机会，无互惠 = 无未来互惠机会；关系评分 = 对当前关系状态的评分。

接着，检测人际效用和关系状态是否会影响个体的内疚情绪。以未来互惠机会和关系状态为自变量，以被试的内疚评分为因变量进行方差分析。结果发现，关系状态的主效应显著，$F(1,122) = 285.96, p < 0.001$, 偏 $\eta^2 = 0.701$（见表 3–1 和图 3–1）。这表明，相比于没有伤害配对同学经济利益的被试，伤害了配对同学经济利益的被试会更加内疚。未来互惠机会的主效应不显著，$F(1,122) = 2.11, p = 0.15$, 偏 $\eta^2 = 0.017$。值得注意的是，未来互惠机会和关系状态的交互作用显著了，$F(1,122) = 7.54, p = 0.007$, 偏 $\eta^2 = 0.058$。进一步进行简单效应分析发现，在关

系受损的条件下，相比于无未来互惠机会，有未来互惠机会时被试会感到更加内疚（$p = 0.082$）；然而，在关系无损的条件下，无论有无未来互惠机会，被试的内疚程度均无显著差异（$p = 0.547$）。在本研究中，对人际效用的操控是通过调节未来互惠机会实现的。因此，该结果表明人际效用确实会影响个体在违反社会规范后的内疚情绪。该实验结果验证了 Nelissen (2014) 的观点。另外，将被试的忧虑回忆评分和不安回忆评分以及共情特质得分作为协变量放入方差分析，结果依然显示未来互惠机会和关系状态的交互作用显著，$F(1,119) = 4.45, p = 0.035$, 偏 $\eta^2 = 0.037$。该结果表明，互惠机会和关系状态对内疚存在独立于其他负性情绪的影响，且被试组间的内疚差异不是由被试组间的共情特质差异所造成的。

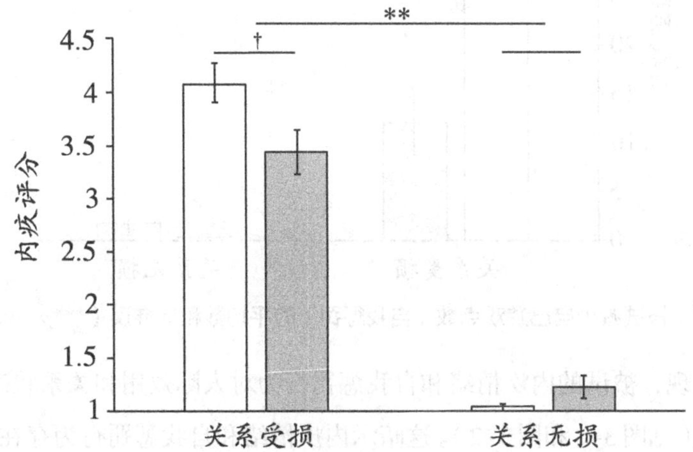

图 3-1　内疚情绪的平均数和标准误（$^{\dagger}p < 0.1$, $^{**}p < 0.01$）

为检测人际效用和关系状态是否会影响个体的自我惩罚行为，以未来互惠机会和关系状态为自变量，以被试减少自己的游戏点数为因变量进行方差分析。结果发现，未来互惠机会的主效应显著，$F(1,122) = 15.31, p < 0.001$, 偏 $\eta^2 = 0.111$（见表 3-1 和图 3-2）。关系状态的主效应也显著，$F(1,122) = 80.58, p < 0.001$, 偏 $\eta^2 = 0.398$。更重要的是，未来互惠机会和关系状态的交互作用显著，$F(1,122) = 20.67, p < 0.001$, 偏 $\eta^2 = 0.145$。进一步进行简单效应分析发现，在关系受损的条件下，相比于无未来互惠机会，有未来互惠机会时被试会减少自己更多的游戏点数（$p <$

0.001）；然而在关系无损的条件下，无论有无未来互惠机会，被试所减少的自己的游戏点数无显著差异（$p = 0.671$）。另外，将被试的忧虑回忆评分和不安回忆评分以及共情特质得分作为协变量放入方差分析，结果依然显示未来互惠机会和关系状态的交互作用显著，$F(1,119) = 17.48, p < 0.035$, 偏 $\eta^2 = 0.128$。该结果表明，互惠机会和关系状态对自我惩罚的影响可以独立于负性情绪忧虑和不安，且被试组间的自我惩罚的差异不是由被试组间的共情特质差异所造成的。

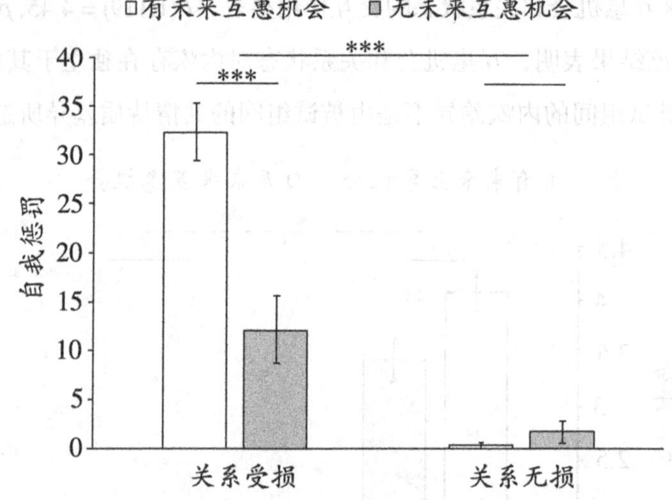

图 3-2　被试减少自己游戏点数（自我惩罚）的平均数和标准误（***$p < 0.001$）

可以发现，被试的内疚情绪和自我惩罚行为对人际效用和关系状态的反应模式非常相似（见图 3-1 和图 3-2）。这暗示内疚情绪和自我惩罚行为存在紧密联系。因此，将所有被试的数据综合在一起，对被试的内疚评分和被试自己所减少的游戏点数求相关。结果发现，被试的内疚评分和被试自己所减少的游戏点数显著相关，$r = 0.674, p < 0.001, N = 126$。

考虑到人际效用会影响内疚情绪，而内疚情绪又与自我惩罚行为紧密相关，那么它们三者的关系有可能可以被中介模型解释。因此，将关系受损且有未来互惠机会和关系受损且无未来互惠机会的两组被试数据结合，对内疚评分和被试减少自己的点数数额数据进行标准化（Z 值转化），将关系受损且有未来互惠机会编码为 1，关系受损且无未来互惠组编码为 0，基于 PROCESS 软件包进行 5000

次的 bootstrap 重采样，以探究内疚情绪是否会中介人际效用对自我惩罚行为的影响。如果效应的 95% 置信区间（confidence interval, CI）不涵盖 0，那么表明效应显著。结果显示，内疚情绪会部分中介人际效用对自我惩罚的影响，即间接效应（$b = 0.19$, 95% CI = ［0.03, 0.39］）和直接效应（$b = 0.78$, 95% CI = ［0.36, 1.20］）都显著（见图 3–3）。

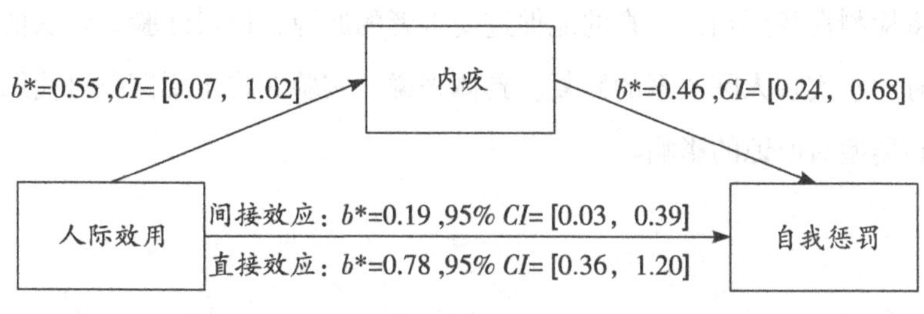

图 3–3 内疚部分中介人际效用对自我惩罚的影响

注：* 表示效应显著。

综合上述结果可以发现，关系状态会对内疚情绪产生影响。相比于关系无损，当关系受损时个体会有更强的内疚情绪。这说明，内疚情绪会帮助个体感知其人际关系的状态。人际效用也会对内疚情绪产生影响。相比于一段低利益价值的关系（未来无互惠机会）受损，当一段高利益价值的关系（未来有互惠机会）受损时，个体会更加内疚。该结果表明，内疚情绪不仅能反映关系的状态，还会反映关系的利益价值。另外，关系状态和人际效用对自我惩罚行为的影响模式（交互作用）和它们对内疚情绪的影响模式（交互作用）非常相似。并且内疚情绪和自我惩罚行为之间存在显著的相关。一个可能的原因是，内疚一方面在表征关系的受损状态和利益价值，另一方面会相应地促使个体做出修复关系的行为。中介分析进一步显示（因为关系受损对内疚和内疚相关行为的影响已有较多的研究（如：Yu, Hu, Hu, & Zhou, 2014），所以本研究重点关注人际效用的影响），内疚部分中介人际效用对自我惩罚的影响。这表明，当一段更有人际价值的关系受损后，个体会更加地内疚，而高强度的内疚会促使个体做出自我惩罚行为以修复受损的关系。

至此，研究对人际因素（包括关系状态和人际效用）、内疚和内疚相关行为

（自我惩罚）的关系进行了描述和验证。虽然，研究已经显示人际因素会影响内疚，而内疚会进一步促进个体的自我惩罚行为。但想要说明内疚会帮助个体修复人际关系，则必须进一步证明自我惩罚行为确实会被受害人所理解，并促进受害者对个体的原谅。然而，已有的研究只显示，自我惩罚有助于缓解个体的内疚情绪，却没有深入探究个体的自我惩罚是否有助于其被受害者原谅。因此，下面的实验 3 将检测自我惩罚是否真的能促进受害者的原谅，以最终验证内疚情绪是否真的能有助于实现人际关系的修复。具体来说，实验 3 将主要探究自我惩罚的惩罚强度和类型对原谅的影响。

第四节　实验3：违规者的自我惩罚对受害者原谅的影响

一、被试

被试的招募主要通过在学校网络论坛发布广告的形式进行。78名成年大学生自愿参与了该实验。根据被试的自我报告，所有被试身体健康，无精神疾病或精神疾病史。有10名被试因为错误理解实验指导语而被排除。最终的数据分析中，剩余68名被试，其中女性41名，男性27名，平均年龄为22.4岁，标准差为2.6年。

二、实验设计和流程

该实验为2（自我惩罚的成本：低成本 vs. 高成本）× 2（自我惩罚的类型：交流型 vs. 沉默型）的被试内设计，并附有一个无自我惩罚的控制条件。

被试首先会了解一个分配游戏的游戏规则（改编自 Ohtsubo & Watanabe, 2009 的实验3）。游戏中会有一个分配者和一个接受者。分配者需要决定如何把10元人民币分配给自己和接受者。有九种可能的分配方案，即分给接受者1～9元，以1元为最小分配单位。然而，九种可能的分配方案中，只有两种分配方案会被程序随机抽取出来，以供分配者进行选择。也就是说，分配者只能从可选的两种分配方案中选择其中一种执行。接受者只能接受分配者所选择的分配方案。分配者和接受者都了解上述游戏规则。然而，接受者不知道具体是哪两种分配方案被提供给分配者进行选择（该操作是为了隐藏分配者的真实意图，使得分配者后续的行为变得合理。详情见下文）。被试需要想象自己以接受者的身份参与游戏，并需要在接下来的任务里对五个不同的分配者的行为进行评价。接着，被试会完成一份关于实验规则的理解测试。只有正确回答所有问题的被试才会被纳入数据分析。

之后，被试会被要求想象自己和五个不同的分配者坐在不同的房间里。被试会依次和每个分配者进行一次上述游戏。游戏的情况是，所有的分配者最终选择的方案都是分给自己 8 元，分给被试 2 元。不过，在做完不公平的分配后，不同的分配者做出了不同行为。分配者 A 在分配结束后，没有其他行为（控制条件）；分配者 B 放弃自己所得的 8 元中的 2 元，并告诉被试他们放弃了 2 元（低成本交流型自我惩罚）；分配者 C 放弃自己所得的 8 元中的 6 元，并告诉被试他们放弃了 6 元（高成本交流型自我惩罚）；分配者 D 默默地放弃自己所得的 8 元中的 2 元，被试意外得知了其放弃决定（低成本沉默型自我惩罚）；分配者 E 默默地放弃自己所得的 8 元中的 6 元，被试意外得知了其放弃决定（高成本沉默型自我惩罚）；具体来说，在交流型自我惩罚的条件中，被试需要想象分配者来到被试的房间并告知他"我决定放弃刚刚得到的钱里面的 2（或 6）元，我把钱放在我房间的桌子上了"。在沉默型自我惩罚的条件中，被试需要想象自己在路过分配者房间的时候意外看到分配者把 2（或 6）元留在了桌子上，并且直到分配者离开他都没有告诉任何人他的行为。被试还被告知，分配者放弃的钱会被实验人员回收，并不会给被试。该操作是为了让被试感知到这一放弃行为是分配者的自我惩罚（单方面的，对自己造成经济损失）而不是对被试的补偿。

随后，被试需要报告自己在多大程度上原谅每个分配者（1 = 完全不原谅，7 = 完全原谅），以及自己在多大程度上觉得什么都不做、放弃 2 元和放弃 6 元是需要付出成本的（0 = 完全没有成本，7 = 成本很高）。

三、结果与讨论

实验对自我惩罚的成本的操控是通过改变分配者放弃了多少金钱来实现的。为检测实验的操作是否成功，以分配者放弃金额的程度为自变量（三个水平：没有放弃、放弃 2 元、放弃 6 元），被试的行为成本评分为因变量进行单因素方差分析。结果发现，放弃金额的程度对被试的行为成本评分影响显著，$F(2,134)$ =

107.17, $p < 0.001$, 偏 $\eta^2 = 0.615$。事后检验分析发现，被试认为放弃 2 元的成本（$M = 3.85, SD = 1.28$）要显著高于没有放弃（$M = 2.15, SD = 1.57$），$p < 0.001$；放弃 6 元的成本（$M = 5.87, SD = 1.45$）要显著高于放弃两元（$p < 0.001$）和没有放弃（$p < 0.001$）。该结果表明，实验对成本的操控是成功的。

为检测自我惩罚是否可以促进受害者的原谅，将控制条件下的被试原谅评分与其他 4 个自我惩罚条件下的被试原谅评分分别进行 t 检验。结果发现，相比于控制条件，在四种自我惩罚条件下被试都给出显著更高的原谅评分（所有 $t > 8.41$，所有 $p < 0.001$，见表 3–2）。该结果表明，个体的自我惩罚确实可以促进受害者的原谅，修复受损的人际关系。关于为什么自我惩罚可以促进受害者的原谅，成本信号理论（costly signaling theory）可以提供相关的解释。成本信号理论认为，发出的信号所需要的成本越大，信号的接受者越会把该信号感知为真诚的和可靠的 (Gintis, Smith, & Bowles, 2001; Roberts, 1998; Smith & Bird, 2000; Zahavi, 1977)。前人的研究发现，违规者愿意承担更多的成本去道歉或补偿时，受害者更能感觉到违规者的真诚 (Eaton, 2006; Ohtsubo & Watanabe, 2009; Ohtsubo et al., 2012)。考虑到违规者进行自我惩罚行为是有成本的，受害者会将自我惩罚理解为一种真诚的道歉，并更可能原谅违规者。

表 3–2　原谅评分的平均数和标准差

	控制条件	低成本		高成本	
		交流型	沉默型	交流型	沉默型
原谅评分	2.68 (1.41)	4.46 (1.64)	4.63 (1.62)	5.85 (1.52)	5.31 (1.71)

为检测自我惩罚的成本和自我惩罚的类型是否会影响受害者的原谅，把自我惩罚的成本和自我惩罚的类型作为自变量，把被试的原谅评分作为因变量进行方差分析。分析的结果显示，自我惩罚的类型的主效应不显著，$F(1,67) = 0.84, p = 0.362$, 偏 $\eta^2 = 0.012$（见表 3–2 和图 3–4）。自我惩罚的成本的主效应（$F(1,67) = 45.49, p < 0.001$, 偏 $\eta^2 = 0.404$），以及自我惩罚的类型和自我惩罚的成本的交互作用（$F(1,67) = 16.02, p < 0.001$, 偏 $\eta^2 = 0.193$）显著。简单效应分析发现，在高

成本的条件下，交流型自我惩罚比沉默型自我惩罚对原谅的促进效果更好（$p = 0.026$）；而在低成本条件下，两种类型的自我惩罚的效果无显著差异（$p = 0.375$）。关于自我惩罚的成本和自我惩罚的类型对原谅的交互作用的解释，可能有很多。其中一种可能的解释是，当违规者付出了高成本去惩罚自己，受害人会认为违规者是真诚悔过，而不是为了逃避他人潜在的惩罚而假装懊悔。在这种情况下，受害人会希望违规者告知自己其自我惩罚行为，以避免受害人误以为沉默型的违规者什么都没有做，而对其实施不必要的报复。如此一来，受害者可能会埋怨沉默型的违规者没有告知自己其自我惩罚行为，险些造成误会。而当违规者只付出了低成本去惩罚自己，受害人不太确定违规者的悔过是真诚的还是假装的，因此也不会太在意违规者是否告知自己其自我惩罚。

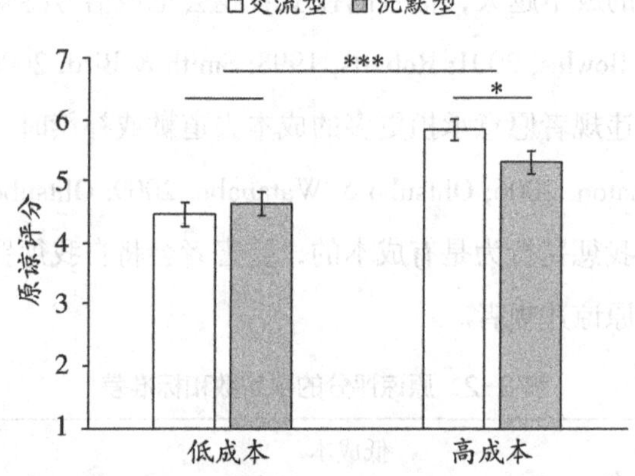

图 3-4　被试原谅评分的平均数和标准误（$^*p < 0.05$, $^{***}p < 0.001$）

实验 3 存在两个局限。一是实验 3 采用的是被试内设计，所以被试知道所有分配者的后续行为。因此在进行原谅评分时，被试可能会参照不同分配者的行为，然后比较哪种更能让人接受，而不是真的在考虑原谅本身。二是实验 3 没有将自我惩罚与其他可能促进原谅的方法（如：道歉）进行比较。针对上述两个局限，实验 4 将采用被试间设计，并增加一个对照条件（即分配者在分配后进行口头道歉）。

第五节　实验 4：违规者的自我惩罚和口头道歉对受害者原谅的影响

一、被试

被试的招募主要通过在学校网络论坛发布广告的形式进行。287 名成年大学生自愿参与了该实验。根据被试的自我报告，所有被试身体健康，无精神疾病或精神疾病史。有 30 名被试因为错误理解实验指导语而被排除。最终的数据分析中，剩余 257 名被试，其中，女性 119 名，男性 138 名，平均年龄为 18.37 岁，标准差为 1.15 年。

二、实验设计和流程

该实验为 2（自我惩罚的成本：低成本 vs. 高成本）× 2（自我惩罚的类型：交流型 vs. 沉默型）的被试间设计，并附有两个无自我惩罚的控制条件（分配者什么都不做、分配者进行口头道歉）。

实验 4 的规则和流程与实验 3 基本相同，除了以下三点：（1）实验 4 为被试间设计；（2）增加了一个新的口头道歉条件，在该条件下，分配者在完成分配后会对被试说“抱歉”；（3）被试需要评价在多大程度上觉得分配者在完成分配后的行为是需要付出成本的（0 = 完全没有成本，7 = 成本很高）。

三、结果与讨论

首先使用 t 检验检测被试如何看待分配者不同行为的成本。结果显示，被试认为口头道歉、低成本交流型自我惩罚、低成本沉默型自我惩罚、高成本交流型自我惩罚、高成本沉默型自我惩罚的行为成本要显著或边缘显著地高于什么都不做，所有 $t > 1.92$, 所有 $p < 0.058$（见表 3–3）；高成本交流型自我惩罚、高成本沉默型自我惩罚的行为成本要显著高于口头道歉、低成本交流型自我惩罚、低成本沉默型自我惩罚，所有 $t > 5.13$, 所有 $p < 0.001$。口头道歉、低成本交流型自我惩罚和低成本沉默型自我惩罚的行为成本无显著差异，所有 $t < 0.75$, 所有 $p > 0.450$。

表 3–3 成本评分的平均数和标准差

	控制条件	口头道歉	低成本		高成本	
			交流型	沉默型	交流型	沉默型
成本评分	2.10 (1.02)	2.77 (1.51)	2.86 (1.44)	2.56 (1.18)	4.85 (2.06)	4.72 (2.00)

接着使用 t 检验，检测不同条件下被试的原谅情况的差异。相比于什么都不做的分配者，被试显著地更倾向于原谅口头道歉、低成本交流型自我惩罚、高成本交流型自我惩罚、高成本沉默型自我惩罚的分配者，所有 $t > 2.07$, 所有 $p < 0.042$。该结果与实验 3 的发现一致，表明自我惩罚确实可以促进受害人的原谅。被试对低成本交流型自我惩罚和什么都不做的分配者的原谅程度没有显著差异，$t(83) = 1.13, p = 0.200$。相比于口头道歉的分配者，被试显著地更倾向于原谅高成本交流型自我惩罚的分配者，$t(82) = 3.17, p = 0.002$。对于口头道歉、低成本交流型自我惩罚、低成本沉默型自我惩罚和高成本沉默型自我惩罚的分配者，被试的原谅程度没有显著差异，所有 $t < 0.75$, 所有 $p > 0.457$。

表 3–4 原谅评分的平均数和标准差

	控制条件	口头道歉	低成本		高成本	
			交流型	沉默型	交流型	沉默型
原谅评分	4.32 (1.49)	5.07 (1.52)	4.80 (1.89)	5.04 (1.74)	6.00 (1.13)	5.23 (1.65)

最后，为检测自我惩罚的成本和自我惩罚的类型是否会影响受害者的原谅，以自我惩罚的成本和自我惩罚的类型为自变量，以被试的原谅评分为因变量进行方差分析。分析的结果显示，自我惩罚的类型的主效应不显著，$F(1,168) = 1.09, p = 0.297$, 偏 $\eta^2 = 0.006$（见表 3–4 和图 3–5）。自我惩罚的成本的主效应（$F(1,168) = 7.90, p = 0.006$, 偏 $\eta 2 = 0.045$），以及自我惩罚的类型和自我惩罚的成本的交互作用

（$F(1,168) = 4.21, p = 0.042$, 偏 $\eta^2 = 0.024$）显著。简单效应分析发现，在高成本的条件下，交流型自我惩罚比沉默型自我惩罚对原谅的促进效果更好（$p = 0.043$）；而在低成本条件下，两种类型的自我惩罚的效果无显著差异（$p = 0.493$）。该结果与实验 3 的发现一致。

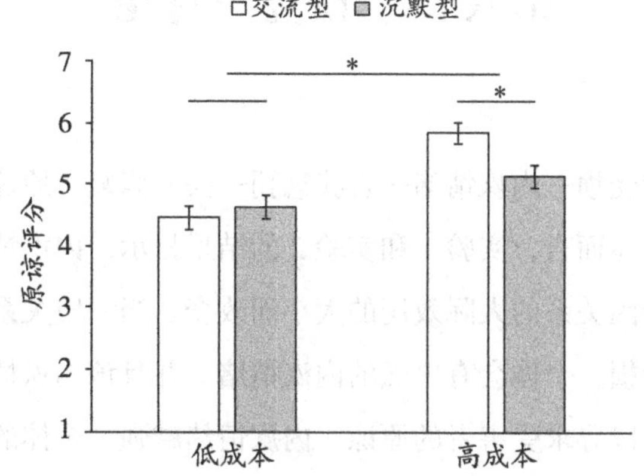

图 3-5　被试原谅评分的平均数和标准误（$^*p < 0.05$）

第六节 研究一讨论

研究一对人际受损—内疚情绪—自我惩罚—关系修复（原谅）这一完整关系链进行了探究。具体而言，实验 1 和实验 2 的结果显示，内疚情绪不仅受到关系状态的影响，还会因关系的人际效用的大小而改变。当一段关系的人际效用越大时，如果该关系受损，个体会有更强的内疚情绪。并且该内疚情绪会促使个体做出自我惩罚行为，以寻求受害者的原谅。内疚情绪越强，个体的自我惩罚行为的程度越强。这一定程度上表明，内疚一方面表征人际关系的状态和利益价值，另一方面也促进关系修复行为的产生。实验 3 和实验 4 的结果则表明，自我惩罚行为确实可以被受害人所理解，并促进受害人对个体的原谅。结合前人的研究 (Inbar et al., 2013; Nelissen, 2011)，这一实验结果表明，自我惩罚不仅有助于缓解个体的内疚负性体验，还可以起到向受害者表示懊悔，寻求原谅的作用。综合上述实验，研究一表明内疚作为社会情绪，与人际关系紧密相关，有助于个体选择性地修复有价值的人际关系。研究一的发现不仅呼应了情绪功能主义对内疚社会功能的看法（避免个体忽视他人的利益、弥补对他人造成的伤害，以维持一段有价值的人际关系）；还表明个体处于与内疚相关的情境中时，也在进行代价和收益分析，支持了代价收益理论的观点。研究一表明，以进化心理学视角为指导，有利于更好地理解内疚和内疚相关行为的社会功能和特点。

第四章

研究二：他人知晓对羞耻和愤怒之间关系影响的研究

第一节　研究背景与研究目的

研究二主要探讨他人知晓情况对羞耻和愤怒之间关系的影响，包括四个实验:（1）实验5，回忆范式下，羞耻情绪对愤怒的影响；（2）实验6，回忆范式下，控制人格特质时羞耻情绪对个体愤怒的影响；（3）实验7，想象任务范式下，他人知晓情况对羞耻情绪与愤怒关系的作用；（4）实验8，最后独裁者游戏中，他人知晓情况对羞耻情绪与愤怒关系的作用。

对羞耻情绪的了解与认识存在一个动态发展的过程。在研究的早期，研究者们主要关注的是羞耻情绪所伴随的自我否定 (Tangney & Dearing, 2003; Tangney, Wagner, & Gramzow, 1992)。当个体处于羞耻情绪状态时，会对自我进行消极评价，从根本上否定自己，并导致一系列"不良行为"，如回避他人、避免社交等 (Harper & Arias, 2004; Tangney & Dearing, 2003)。据此，有些研究者甚至猜想羞耻可能是一种适应不良的情绪 (Tangney & Dearing, 2003)。然而随着研究的发展，研究者们发现有时候羞耻也会促进一些积极的行为，如合作、主动接近他人等 (de Hooge et al., 2018, 2008)。随着新的实验证据的出现，有研究者从进化心理学的角度提出，羞耻是具有适应性功能的 (Sznycer et al., 2016)，羞耻情绪可以帮助个体追踪和更新他人对自己的消极评价，促使个体维护自己的社会形象，这就是羞耻的信息威胁理论（Information Threat Theory，Sznycer et al., 2016)。

虽然羞耻的信息威胁理论具有较强的解释力，然而作为一个新理论，它还缺乏实验证据的支持。因此，研究二将以羞耻与愤怒为研究对象，对羞耻的信息威胁理论进行验证。以羞耻与愤怒为研究对象是因为尚没有研究从社会形象维护的角度去理解二者之间的关系。绝大多数的研究发现羞耻情绪会增加个体对他

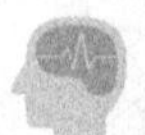

人的愤怒(见两篇综述:Elison, Garofalo, & Velotti, 2014; Velotti, Elison, & Garofalo, 2014)。研究者们对此的解释是，羞耻给个体带来的疼痛感引发了愤怒(羞耻的疼痛理论，pain theory of shame)(Elison et al., 2014)。当处于羞耻状态时，个体会对自我产生根本的否定(Gausel & Leach, 2011)，对自我的否定会给个体在心理上带来疼痛感(Tangney, 1993)，并且该心理上的疼痛感可能和生理上的疼痛感非常相似(Eisenberger, Lieberman, & Williams, 2003; Petra Michl et al., 2014)。已有研究发现，疼痛会自动化地导致个体的愤怒甚至攻击行为地(Burns, 1997; Carson et al., 2005)。因此，羞耻使得个体产生愤怒。另外，还有些研究者提出，羞耻带来的心理疼痛感是非常强烈的(Tangney & Dearing, 2003)，将羞耻情绪转化为对他人的愤怒可以在一定程度上缓解羞耻带来的不适感(Elison et al., 2014; Thomaes, Stegge, Olthof, Bushman, & Nezlek, 2011)。

然而从情绪的社会功能的角度进行推演，羞耻也可能会抑制而非增加愤怒。愤怒的社会信号是提示他人应该给予自己更多的好处，否则自己将让对方蒙受损失(Sell et al., 2017)。如果个体给他人带来利益或损失的能力不变，愤怒可能使得他人对个体产生消极看法并终止与个体的合作(Sell et al., 2017)。另一方面，羞耻的信息威胁理论认为，羞耻可以帮助个体避免负性社会评价(Sznycer et al., 2016)。比如：羞耻的个体更愿意忍受他人的无理要求，牺牲自己的利益，以迎合他人，从而避免负性的社会评价甚至驱逐(de Hooge et al., 2008; de Hooge, Verlegh, & Tzioti, 2014; Gilbert, 2000; Wicker et al., 1983)。因此，有可能羞耻的个体也更倾向于抑制自己的愤怒，以避免负性社会评价。

为了对羞耻的疼痛理论和羞耻的信息威胁理论进行综合，研究二将研究他人对个体羞耻事件的知晓情况是否会影响羞耻情绪对愤怒的作用。在研究二的实验中，被试会首先被诱发一种特定的情绪(羞耻或中性)，并在之后与他人进行一些经济决策游戏。研究假设，如果被试是与知晓被试羞耻事件(如：知晓被试刚刚做了一场非常差劲的报告)的他人进行经济决策游戏，羞耻会抑制被试对他人的愤怒。因为，被试知道自己的一些缺陷已被暴露给他人，他人会对自己有消极的看法，并且自己存在被他人看不起甚至排挤的风险。羞耻中蕴含的社会动机会促使个体维护自己在他人眼中的形象，至少不能使得自己的社会形象恶化。因此，羞耻个体会忍受他人对自己的不公平行为，抑制自己的愤怒。在这种情况下，维护个体积极社会形象的需求会高于缓解羞耻带来的疼痛的需求。研究还假设，如果被试是与不知晓被试羞耻事件的他人进行经济决策游戏，羞耻会增加被试对他人的愤怒。由于他人并不知晓被试的缺陷，被试没有维护自己形象的社会需求。考虑到疼痛会自动激发愤怒情绪 (Berkowitz, 2012; MacDonald & Leary, 2005)，此时羞耻很可能会增加被试的愤怒。

一个可能会对羞耻与愤怒的关系产生影响（干扰）的变量是经济决策游戏中他人行为的公平程度。研究表明，随着他人行为的不公平程度的增加，个体的愤怒情绪也会随之上涨 (Pillutla & Murnighan, 1996)。因此，当面对他人极端公平或极端不公平的分配时，个体的愤怒程度可能非常低或非常高。这样一来，可能就没有足够的空间留给羞耻去进一步降低或增加愤怒情绪了（地板效应和天花板效应）。研究将对这一因素进行控制，并尝试辨别出其影响。

此外，研究还会测量，当面对对方不公平的行为时，被试在多大程度上感觉被他人轻视了。对该变量的测量有助于理解羞耻情绪对愤怒的影响。如果羞耻增加或降低了个体对他人的愤怒，却没有改变个体对他人轻视的感觉，那么研究就可以排除羞耻对愤怒的影响是因为羞耻的个体会以一种更消极或积极的方式去理解他人的行为。

研究二由四个实验组成。在实验 5 中，研究将通过回忆范式诱发被试的羞耻情绪，并在最后通牒游戏中探究当他人知晓被试的羞耻事件时，羞耻情绪对被试对他人愤怒程度的影响；实验 6 在实验 5 的基础上对被试的自尊人格特质进行了控制；在实验 7 中，研究将通过想象范式诱发被试的羞耻情绪，并探究当他人知晓或不知晓被试的羞耻事件时，羞耻情绪对被试对他人愤怒的影响；在实验 8 中，在独裁者游戏中探究当他人知晓或不知晓被试的羞耻事件时，羞耻情绪对被试对他人愤怒的影响，并对被试的羞耻特质倾向进行了控制。

第二节　实验 5：回忆范式下，羞耻情绪对愤怒的影响

一、被试

被试的招募主要通过在学校网络论坛发布广告的形式进行。80 名成年大学生自愿参与了该实验（除该实验外，这些被试同时还完成了一系列与本研究无关的其他实验）。根据被试的自我报告，所有被试身体健康，无精神疾病或精神疾病史。有 3 名被试因为错误理解实验指导语或没有完成实验而被排除。最终的数据分析中，剩余 77 名被试，其中女性 46 名，男性 31 名，平均年龄为 20.03 岁，标准差为 2.62 年。

二、实验设计和流程

该实验为 2（被试间变量，情绪状态：羞耻 vs. 中性）×3（被试内变量，不公平程度：不公平 vs. 相对不公平 vs. 公平）混合设计。

实验使用一个经典的回忆范式诱发被试的特定情绪状态 (de Hooge et al., 2008)。在羞耻条件下的被试需要回忆并写下一件让其感到羞耻的事情。在中性条件下的被试则需要回忆并写下一个平常的工作日发生的一件事情。在写完指定事情后，被试需要进行情绪评分，以表明他们在多大程度上羞耻、恐惧、悲伤、内疚以及对他人感到愤怒（0 = 完全没有，10 = 非常强烈）。

之后，被试需要想象有五个人阅读了其刚刚写下的事件，并且想象这五个人在知晓刚刚写下的事件后，会分别和自己玩一个回合的最后通牒游戏（Ultimatum Game, UG）。在最后通牒游戏中，有一名提议者和一名反应者。在游戏的第一阶段，将由提议者向反应者提议如何在自己和对方之间分配 10 元人民币（如：分

给自己 6 元，分给对方 4 元）。在游戏的第二阶段，由反应者选择接受或拒绝提议。如果提议被接受，10 元的人民币将按照提议者的提议进行分配。如果提议被拒绝，提议者和反应者双方都不会获得任何金钱。被试始终为反应者，而另外五人为提议者。五人的提议分别为 9 ：1（分给提议者 9 元，分给被试 1 元）、8 ：2、7 ：3、6 ：4、5 ：5。研究将 9 ：1 和 8 ：2 的提议视为不公平提议（不公平条件），7 ：3 和 6 ：4 的提议视为相对不公平提议（相对不公平条件），5 ：5 的提议视为公平提议（公平条件）。对不公平条件的划分是基于以下原因。首先，只有 5 ：5 的提议满足绝对公平的原则。其次，一项元分析的数据显示，在最后通牒游戏里，平均来说提议者会提议将 30% ～ 40% 的金额分给反应者。不同提议是以随机顺序呈现给被试的。在看到每个提议者的提议后，被试都需要回答在多大程度上对对方感到愤怒，在多大程度上感觉被对方轻视了（1 = 完全没有，6 = 非常强烈），选择接受或是拒绝对方的提议。在实验最后，被试还需要完成一个理解测试（例题：提议者是否知道你刚刚写下的事件？），以表明其确实正确理解了所有的实验规则。

三、结果与讨论

首先，检测实验对情绪状态的操控是否成功。相比于中性条件，羞耻条件下被试的羞耻情绪评分显著更高，$F(1,75) = 102.26, p < 0.001$, 偏 $\eta^2 = 0.577$（表 4–1）。在羞耻条件下，被试的羞耻情绪评分要显著高于其他情绪评分，所有 $F > 9.81$, 所有 $p < 0.003$, 所有偏 $\eta^2 > 0.205$。这表明我们对羞耻情绪的操作是成功的。另外，实验规则理解测试表明，所有被包含在数据分析里的被试都知道提议者们是知晓其写下的事件的。

表 4–1 回忆事件后，被试羞耻、恐惧、悲伤、内疚以及对他人愤怒评分的平均数和标准差

情绪	羞耻条件	中性条件
羞耻	6.00 (3.09)	0.63 (1.10)
恐惧	2.90 (2.80)	1.08 (1.82)
悲伤	3.74 (3.22)	1.05 (1.54)
内疚	4.26 (3.45)	1.37 (1.85)
对他人愤怒	2.05 (2.65)	0.84 (1.15)

为检测羞耻情绪和不公平程度是否会影响被试的愤怒情绪，研究以情绪状态和不公平程度为自变量，以被试对提议者的愤怒评分为因变量进行了方差分析。结果发现，不公平程度的主效应显著，$F(2,150) = 356.18, p < 0.001$，偏 $\eta^2 = 0.826$（见表 4–2）。该结果与前人的发现一致 (Pillutla & Murnighan, 1996)。情绪状态的主效应不显著，$F(1,75) = 1.60, p = 0.211$，偏 $\eta^2 = 0.021$。重要的发现是，情绪状态和不公平程度的交互作用显著，$F(2,150) = 3.41, p = 0.036$，偏 $\eta^2 = 0.044$。进一步进行简单效应分析发现，当处于相对不公平条件下，相比于中性情绪条件的被试，羞耻情绪条件的被试对提议者的愤怒情绪更少（$p = 0.023$）。而当处于不公平条件或公平条件，中性情绪和羞耻情绪条件的被试对提议者的愤怒情绪没有显著差异（$p = 0.859, p = 0.967$）。该结果表明羞耻情绪不一定导致对他人愤怒的增加，甚至有可能降低对他人的愤怒。这对前人关于羞耻带来的疼痛一定会增加个体对他人的愤怒的论断形成挑战。

表 4–2　被试对提议者的愤怒评分的平均数和标准差

不公平程度	羞耻条件		控制条件
不公平	4.19 (1.33)	=	4.25 (1.51)
相对不公平	2.03 (1.25)	<	2.74 (1.44)
公平	0.21 (0.52)	=	0.21 (0.62)

注：符号“=”表示没有显著差异，$p > 0.05$。符号“<”表示前者显著小于后者，$p < 0.05$。

为检测羞耻情绪和不公平程度是否会影响被试对他人行为的轻视感知，研究以情绪状态和不公平程度为自变量，以被试的轻视感知评分为因变量进行了方差分析。结果发现，不公平程度的主效应显著，$F(2,150) = 365.27, p < 0.001$，偏 $\eta^2 = 0.830$（见表 4–3）。该结果表明，提议者提议分给被试的金额越少，被试选择拒绝的可能性越高。情绪状态的主效应，以及情绪状态和不公平程度的交互作用均不显著，所有 $F < 0.61$，所有 $p > 0.438$，所有偏 $\eta^2 < 0.008$。这表明，羞耻情绪并没有改变被试对他人行为的轻视感知。

表 4-3　被试对提议者的轻视评分和拒绝率的平均数和标准差

不公平程度	轻视评分			拒绝率		
	羞耻条件		中性条件	羞耻条件		中性条件
不公平	4.65 (0.96)	=	4.72 (1.19)	0.77 (0.38)	=	0.83 (0.35)
相对不公平	2.58 (1.32)	=	2.89 (1.32)	0.28 (0.32)	=	0.34 (0.37)
公平	0.54 (1.12)	=	0.63 (1.17)	0.00 (0.00)	=	0.03 (0.16)

注：符号“=”表示没有显著差异，$p > 0.05$。

为检测羞耻情绪和不公平程度是否会影响被试的拒绝决策，研究以情绪状态和不公平程度为自变量，以被试的拒绝率为因变量进行了方差分析。结果发现，不公平程度的主效应显著，$F(2,150) = 180.01, p < 0.001$, 偏 $\eta^2 = 0.706$（见表 4-3）。该结果表明当提议者提议分给被试的金额越少，被试更可能选择拒绝。情绪状态的主效应，以及情绪状态和不公平程度的交互作用均不显著，所有 $F < 1.04$, 所有 $p > 0.311$, 所有偏 $\eta^2 < 0.014$。这表明，羞耻情绪并没有改变被试的拒绝决策。

许多前人的研究显示羞耻情绪会增加个体对他人的愤怒情绪 (Harper & Arias, 2004; Harper, Austin, Cercone, & Arias, 2005; Scott et al., 2015; Tangney, Hill-Barlow, et al., 1996; Thomaes et al., 2011)。本实验首次发现，当他人知晓被试的羞耻事件时，羞耻不但没有增加甚至还可能降低个体对他人的愤怒。该结果的产生并不是因为羞耻情绪改变了个体对他人行为的轻视感知。虽然有前人研究发现，愤怒情绪会导致个体在最后通牒游戏中更倾向于做出拒绝决策 (如：Pillutla & Murnighan, 1996), 但是在本实验中，羞耻对愤怒情绪的影响并没有转换为被试对提议的拒绝。这种情况的产生有许多可能的原因，相关讨论将在后面的研究二讨论部分展开。

实验 5 的一个局限在于，它是与其他几个无关实验一起进行的。其他的实验可能对实验 5 产生某些不确定的影响。另一个局限在于，某些人格变量和愤怒情绪紧密相关，而实验 5 未为对其进行控制。例如，已有研究发现，面对他人质疑时，极度自尊的个体更倾向于对他人感到愤怒 (Baumeister, Smart, & Boden, 1996)。针对实验 5 的局限，下面的实验 6 进行了相关的改进。

第三节 实验 6：回忆范式下，控制人格特质时羞耻情绪对愤怒的影响

一、被试

被试的招募主要通过在学校网络论坛发布广告的形式进行。148 名大学生自愿参与了该实验。根据被试的自我报告，所有被试身体健康，无精神疾病或精神疾病史。有 20 名被试因为错误理解实验指导语，没有写下其回忆的事件，或没有完成实验而被排除。最终的数据分析中，剩余 128 名被试（女性 81 名，男性 47 名，平均年龄为 18.85 岁，标准差为 0.80 年）。

二、实验设计和流程

该实验为 2（被试间变量，情绪状态：羞耻 vs. 中性）×3（被试内变量，不公平程度：不公平 vs. 相对不公平 vs. 公平）混合设计。

实验 6 以实验 5 为基础进行了如下改动：（1）除了该实验外，被试没有进行其他无关实验。（2）在开始实验前，被试填写了罗森博格自尊量表 (Rosenberg Self-Esteem Scale, Rosenberg, 1979)。

三、结果与讨论

首先，检测实验对情绪状态的操控是否成功。相比于中性条件，羞耻条件下被试的羞耻情绪评分显著更高，$F(1,126) = 33.90, p < 0.001$, 偏 $\eta^2 = 0.212$ (见表4–4)。在羞耻条件下，被试的羞耻情绪评分要显著高于其他情绪评分，所有 $F > 7.69$, 所有 $p < 0.008$, 所有偏 $\eta^2 > 0.127$。这表明我们对羞耻情绪的操作是成功的。另外，实验规则理解测试表明，所有被包含在数据分析里的被试都知道提议者们是知晓其写下的事件的。

表 4–4　羞耻、恐惧、悲伤、内疚以及对他人愤怒评分的平均数和标准差

情绪	羞耻条件	中性条件
羞耻	4.65 (3.13)	1.86 (2.28)
恐惧	2.91 (2.84)	2.84 (2.64)
悲伤	3.35 (3.08)	2.61 (2.45)
内疚	2.93 (3.07)	3.18 (2.85)
对他人愤怒	3.07 (3.39)	2.19 (2.29)

为检测羞耻情绪和不公平程度是否会影响被试的愤怒情绪，研究以情绪状态和不公平程度为自变量，以被试对提议者的愤怒评分为因变量进行了方差分析。结果发现，不公平程度的主效应显著，$F(2,252) = 301.66, p < 0.001$, 偏 $\eta^2 = 0.705$ (见表 4–5)。情绪状态的主效应不显著，$F(1,126) < 0.01, p = 0.995$, 偏 $\eta^2 < 0.001$。情绪状态和不公平程度的交互作用也不显著，$F(2,252) = 0.35, p = 0.708$, 偏 $\eta^2 = 0.003$。实验 6 与实验 5 的结果一致，表明当他人知晓被试的羞耻事件时，羞耻情绪不会增加被试对他人的愤怒。

表 4–5　被试对提议者的愤怒评分的平均数和标准差

不公平程度	羞耻条件		控制条件
不公平	3.80 (1.81)	=	3.92 (1.70)
相对不公平	2.31 (1.51)	=	2.30 (1.36)
公平	0.57 (1.28)	=	0.47 (1.15)

注：符号“=”表示没有显著差异，$p > 0.05$。

为检测羞耻情绪和不公平程度是否会影响被试对他人行为的轻视感知，研究以情绪状态和不公平程度为自变量，以被试的轻视感知评分为因变量进行了方差分析。结果发现，不公平程度的主效应显著，$F(2,252) = 346.13, p < 0.001$, 偏 $\eta^2 = 0.733$ (见表 4–6)。该结果表明，提议者提议分给被试的金额越少，被试越可能选择拒绝。情绪状态的主效应，以及情绪状态和不公平程度的交互作用均不显著，所有 $F < 0.76$, 所有 $p > 0.468$, 所有偏 $\eta^2 < 0.006$。这表明，羞耻情绪并没有改变被试对他人行为的轻视感知。

表 4–6 被试对提议者的轻视评分和拒绝率的平均数和标准差

不公平程度	轻视评分			拒绝率		
	羞耻条件		中性条件	羞耻条件		中性条件
不公平	4.19 (1.78)	=	4.14 (1.71)	0.77 (0.41)	=	0.74 (0.42)
相对不公平	2.81 (1.54)	=	2.56 (1.43)	0.44 (0.45)	=	0.36 (0.42)
公平	0.63 (0.94)	=	0.70 (1.26)	0.04 (0.19)	=	0.09 (0.50)

注：符号“=”表示没有显著差异，$p>0.05$。

为检测羞耻情绪和不公平程度是否会影响被试的拒绝决策，研究以情绪状态和不公平程度为自变量，以被试的拒绝率为因变量进行了方差分析。结果发现，不公平程度的主效应显著，$F(2,252) = 115.44, p < 0.001$, 偏 $\eta^2 = 0.478$（见表 4–6）。该结果表明当提议者提议分给被试的金额越少，被试更可能选择拒绝。情绪状态的主效应，以及情绪状态和不公平程度的交互作用均不显著，所有 $F < 1.05$, 所有 $p > 0.350$, 所有偏 $\eta^2 < 0.008$。这表明，羞耻情绪没有改变被试的拒绝决策。

为探究被试的自尊特质是否会给结果带来影响，以情绪状态为自变量（被试间变量），以被试的自尊得分为因变量进行了方差分析。发现，羞耻条件和中性条件被试的自尊得分没有显著差异，$F(1,126) = 0.807, p = 0.371$, 偏 $\eta^2 = 0.006$。另外，以自尊分数为协变量，重复上述关于愤怒、轻视、拒绝决策的分析，发现自尊分数的纳入并不会改变之前的统计结果的显著性。并且，自尊作为协变量也没有显著影响愤怒、轻视和拒绝决策，所有 $F < 0.15$, 所有 $p > 0.699$, 所有偏 $\eta^2 < 0.001$。由上，自尊特质没有显著影响该实验的结果。

实验 5 和实验 6 一致发现，当他人知晓个体的羞耻事件时，羞耻情绪不会增加个体对他人的愤怒。然而，较多的阴性结果难以提供强有力的实验证据。为克服这一局限，下面的实验 7 和实验 8 将额外引入一个实验条件，即他人不知晓个体的羞耻事件条件。如果在他人不知晓个体的羞耻事件条件下，结果显示羞耻会显著增加个体对他人的愤怒。那么，知晓情况和情绪状态的显著交互作用或许可以更好地说明对羞耻事件的知晓情况确实会调节羞耻情绪对个体愤怒的作用。另外，实验 5 和实验 6 使用回忆范式激发个体的特定情绪，下面的实验 7 和实验 8 将使用想象范式激发个体的特定情绪，以检验结果的外部效度。

第四节　实验7：想象任务范式下，他人知晓情况对羞耻情绪与愤怒关系的作用

一、被试

被试的招募主要通过在学校网络论坛发布广告的形式进行。373名大学生自愿参与了该实验。根据被试的自我报告，所有被试身体健康，无精神疾病或精神疾病史。有35名被试因为错误理解实验指导语或没有完成实验而被排除。最终的数据分析中，剩余338名被试（女性181名，男性157名，平均年龄为19.56岁，标准差为1.05年）。

二、实验设计和流程

该实验为2（被试间变量，他人知晓情况：知晓 vs. 不知晓）× 2（被试间变量，情绪状态：羞耻 vs. 中性）× 3（被试内变量，不公平程度：不公平 vs. 相对不公平 vs. 公平）混合设计。

实验7以实验6为基础进行了如下改动和拓展：（1）该实验使用一个想象任务范式对羞耻情绪进行诱发（改编自 de Hooge et al., 2008）。被试需要想象其被要求在四十名同学面前作一个报告，这个报告是学期期末考核的一部分。在羞耻条件下，被试需要想象其在作报告时的表现非常糟糕，如：报告的幻灯片里存在大量的语法错误，没能在规定的时间内完成报告，没人听懂报告究竟在说什么；在中性条件下，被试需要想象其在作报告时的表现属于平均水平，报告期间没有什么特别的情况发生（具体想象情景，请见附录）。在完成想象任务后，被试需要进行情绪评分，以表明他们在多大程度上羞耻、恐惧、悲伤、内疚、对他人感到愤怒以及对自己感到愤怒（0 = 完全没有，10 = 非常强烈）。（2）该实验还增加了一个新的被试间因素，他人知晓情况（知晓 vs. 不知晓）。在知晓条件下，

5 名刚刚听了被试报告的同学会作为提议者与被试玩最后通牒游戏；在不知晓条件下，5 名没有听被试报告的同学会作为提议者与被试玩最后通牒游戏。为合理化该操作，在不知晓条件下，被试会了解到，这 5 名同学在被试作报告的前一天就完成了他们自己的报告。所以他们在被试报告的那天，无需并且也没有出席。因此，他们不知道被试的报告表现情况。

三、结果与讨论

首先，检测实验对情绪状态的操控是否成功。无论他人知晓或不知晓事件情况，相比于中性条件，羞耻条件下被试的羞耻评分都显著更高，所有 $F > 109.12$, 所有 $p < 0.001$, 所有偏 $\eta^2 > 0.409$（见表 4–7）。知晓–羞耻条件和不知晓–羞耻条件下被试的羞耻评分没有显著差异，$F(1,163) = 0.25$, $p = 0.621$, 偏 $\eta^2 = 0.002$。无论是在知晓 –羞耻条件下还是在不知晓–羞耻条件下，被试的羞耻情绪评分都显著高于其他情绪的评分，所有 $F > 5.19$, 所有 $p < 0.025$, 所有偏 $\eta^2 > 0.055$。这表明我们对羞耻情绪的操作是成功的。另外，实验规则理解测试表明，所有被包含在数据分析里的被试都正确地理解提议者们知晓或不知晓其报告情况。

表 4–7　羞耻、恐惧、悲伤、内疚、对他人愤怒以及对自己愤怒评分的平均数和标准差

情绪	知晓		不知晓	
	羞耻	中性	羞耻	中性
羞耻	7.99 (2.16)	3.34 (2.90)	7.81 (2.45)	3.01 (2.81)
恐惧	6.12 (2.94)	2.97 (2.74)	6.39 (2.81)	2.61 (2.54)
悲伤	6.73 (2.75)	3.95 (3.01)	6.65 (2.81)	3.66 (2.78)
内疚	7.51 (2.71)	3.92 (2.80)	7.03 (2.69)	3.61 (2.87)
对他人愤怒	1.93 (2.11)	1.12 (1.82)	2.14 (2.42)	1.03 (1.49)
对自己愤怒	6.80 (2.72)	3.69 (2.91)	6.39 (2.99)	3.11 (2.59)

为检测羞耻事件的知晓情况、羞耻情绪和不公平程度是如何影响被试对他人的愤怒的，研究以他人知晓情况、情绪状态和不公平程度为自变量，以被试对提议者的愤怒评分为因变量进行了方差分析。结果发现，不公平程度的主效应显著，

$F(2,668) = 820.79$, $p < 0.001$, 偏 $\eta^2 = 0.711$（见表 4–8和图 4–1）。情绪状态的主效应不显著，$F(1,334) = 0.32$, $p = 0.572$, 偏 $\eta^2 = 0.001$。他人知晓情况的主效应也不显著，$F(1,334) = 0.03$, $p = 0.866$, 偏 $\eta^2 < 0.001$。他人知晓情况和情绪状态的双因素交互作用显著，$F(1,334) = 12.49$, $p < 0.001$, 偏 $\eta^2 = 0.036$。不公平程度和情绪状态的双因素交互作用不显著，$F(2,668) = 0.19$, $p = 0.830$, 偏 $\eta^2 = 0.001$。不公平程度和他人知晓情况的双因素交互作用不显著，$F(2,668) = 0.40$, $p = 0.673$, 偏 $\eta^2 = 0.001$。他人知晓情况、情绪状态和不公平程度的三因素交互作用显著，$F(2,668) = 8.04$, $p < 0.001$, 偏 $\eta^2 = 0.024$。显著的他人知晓情况和情绪状态双因素交互作用，以及显著的三因素交互作用都说明他人知晓情况会调节羞耻情绪对个体愤怒的作用。

为更好地理解显著的三因素交互作用，利用简单效应分析对其进行解析，以探究在不同的不公平程度下，他人知晓情况和情绪状态的交互作用是否显著。结果发现，在公平条件下，他人知晓情况和情绪状态的交互作用不显著，$F(1,334) = 0.10$, $p = 0.747$, 偏 $\eta^2 < 0.001$。这可能是因为，在公平条件下，被试对提议者的愤怒非常低，已经没有足够的空间留给羞耻去减少愤怒了（地板效应，floor effect）。在不公平和相对不公平条件下，他人知晓情况和情绪状态的交互作用都显著（$F(1,334) = 11.57$, $p = 0.001$, 偏 $\eta^2 = 0.033$; $F(1,334) =13.09$, $p < 0.001$, 偏 $\eta^2 = 0.038$）。进一步分析发现，在公平条件下，知晓–羞耻和知晓–中性条件之间没有显著差异（$F(1,334) < 0.01$, $p = 0.937$, 偏 $\eta^2 < 0.001$），并且不知晓–羞耻和不知晓–中性条件之间也没有显著差异（$F(1,334) = 0.19$, $p = 0.665$, 偏 $\eta^2 < 0.001$）。在相对不公平条件下，知晓–羞耻条件的愤怒评分显著低于知晓–中性条件（$F(1,334) = 4.13$, $p = 0.043$, 偏 $\eta^2 = 0.012$），而不知晓–羞耻条件的愤怒评分显著高于不知晓 – 中性条件（$F(1,334) = 9.72$, $p = 0.002$, 偏 $\eta^2 = 0.028$）。在不公平条件下，知晓–羞耻条件的愤怒评分显著低于知晓–中性条件（$F(1,334) = 5.28$, $p = 0.022$, 偏 $\eta^2 = 0.016$），而不知晓–羞耻条件的愤怒评分显著高于不知晓–中性条件（$F(1,334) = 6.37$, $p = 0.012$, 偏 $\eta^2 = 0.019$）。总的来说，上述结果支持了研究假设，表明当他人知晓羞耻诱发事件时，羞耻会控制个体的愤怒；而当他人不知晓羞耻诱发事件时，羞耻会增加个体的愤怒。

表 4–8 被试对提议者的愤怒评分的平均数和标准差

不公平程度	知晓			不知晓		
	羞耻		中性	羞耻		中性
不公平	3.31 (1.92)	<	3.91 (1.58)	3.89 (1.72)	>	3.20 (1.73)
相对不公平	1.73 (1.47)	<	2.14 (1.35)	2.21 (1.44)	>	1.56 (1.05)
公平	0.24 (0.67)	=	0.24 (0.68)	0.34 (1.06)	=	0.28 (0.87)

注：符号“=”表示没有显著差异，$p > 0.05$；符号“<”表示前者显著小于后者，$p < 0.05$；符号“>”表示前者显著大于后者，$p < 0.05$。

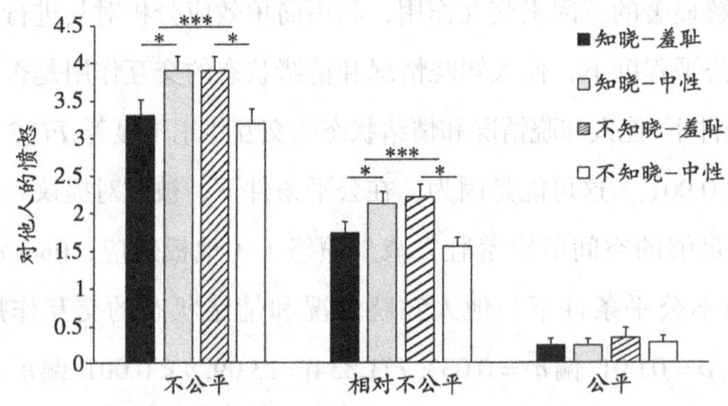

图 4–1 被试对他人的愤怒评分的平均数和标准误（$^{***}p < 0.001$, $^{**}p < 0.01$, $^{*}p < 0.05$）

为检测羞耻事件的知晓情况、羞耻情绪和不公平程度是如何影响被试对他人行为的轻视感知的，研究以他人知晓情况、情绪状态和不公平程度为自变量，以被试的轻视感知评分为因变量进行了方差分析。结果发现，不公平程度的主效应显著，$F(2,668) = 796.37, p < 0.001$, 偏 $\eta^2 = 0.705$（见表 4–9）。他人知晓情况的主效应显著，$F(1,334) = 7.58, p = 0.006$, 偏 $\eta^2 = 0.022$。情绪状态的主效应不显著，$F(1,334) = 0.28, p = 0.599$, 偏 $\eta^2 = 0.001$。情绪状态和他人知晓情况的双因素交互作用不显著，$F(1,334) = 1.37, p = 0.242$, 偏 $\eta^2 = 0.004$。情绪状态和不公平程度的双因素交互作用不显著，$F(2,668) = 0.39, p = 0.679$, 偏 $\eta^2 = 0.001$。他人知晓情况、情绪状态和不公平程度的三因素交互作用不显著，$F(2,668) = 1.57, p = 0.209$, 偏 $\eta^2 = 0.005$。情绪状态的主效应以及与情绪状态相关的交互作用均不显著，表明羞

耻并没有改变被试对他人行为的轻视感知。有趣的是，不公平程度和他人知晓情况的双因素交互作用显著了，$F(2,668) = 6.53, p = 0.002$, 偏 $\eta^2 = 0.019$。进一步对其进行分析发现，在不公平或相对不公平条件下，相比于对方不知晓事件，当对方知晓事件时，被试更觉得对方轻视自己（$F(1,336) = 11.62, p = 0.001$, 偏 $\eta^2 = 0.033$; $F(1,336) = 4.70, p = 0.031$, 偏 $\eta^2 = 0.014$）；在公平条件下，无论对方是否知晓事件，被试的轻视评分没有显著差异，$F(1,336) = 0.03, p = 0.855$, 偏 $\eta^2 < 0.001$。对于该结果，个体可能有两种不同的方式去理解对方的不公平提议。一种解释是，将对方的不公平提议理解为对方自私的表现。第二种解释是，将其理解为对方有针对性地轻视自己。在对方知晓事件的条件下，被试的课堂表现是暴露给对方的（即对方了解被试的个人相关信息），如此一来，被试更可能以第二种解释来理解对方的行为。那么，当对方提议是不公平的时，相比于事件不知晓条件，他人知晓条件的被试会更觉得自己被轻视了。而当对方的提议是公平的时，无论事件是否被知晓，被试都不会觉得自己被轻视。考虑到本实验主要关心的是情绪状态的主效应以及与情绪状态相关的交互作用，关于不公平程度和他人知晓的交互作用已经超出了本研究关心的范围。因此，在这里只对相关结果提供一种可能的解释。该解释还需后续研究进行论证。

表 4-9　被试对提议者的轻视评分的平均数和标准差

不公平程度	知晓			不知晓		
	羞耻		中性	羞耻		中性
不公平	4.17 (1.65)	=	4.27 (1.64)	3.70 (1.95)	=	3.44 (1.91)
相对不公平	2.32 (1.48)	=	2.46 (1.45)	2.27 (1.45)	=	1.86 (1.32)
公平	0.43 (1.01)	=	0.42 (0.90)	0.38 (1.02)	=	0.43 (1.10)

注：符号“=”表示没有显著差异，$p > 0.05$。

为检测羞耻事件的知晓情况、羞耻情绪和不公平程度是如何影响被试的拒绝决策的，研究以他人知晓情况、情绪状态和不公平程度为自变量，以被试的拒绝率为因变量进行了方差分析。结果发现，不公平程度的主效应显著，$F(2,668) = 281.51$,

$p < 0.001$，偏 $\eta^2 = 0.457$（见表 4–10）。他人知晓情况的主效应显著，$F(1,334) = 7.35$，$p = 0.007$，偏 $\eta^2 = 0.022$。情绪状态的主效应不显著，$F(1,334) = 0.18$，$p = 0.675$，偏 $\eta^2 = 0.001$。所有的二因素交互作用以及三因素交互作用均不显著，所有 $F < 1.43$，所有 $p > 0.241$，所有偏 $\eta^2 < 0.004$。情绪状态的主效应以及与情绪状态相关的交互作用均不显著，表明羞耻没有改变被试的拒绝决策。他人知晓情况对拒绝率影响的主效应显著这一结果，其原因可能和不公平程度和他人知晓情况对轻视评分的交互作用显著的原因类似（见上一段）。当对方知晓被试的相关事件时，被试可能会更倾向于将对方的不公平行为理解为是针对自己的（而不是一般性的自私），而更倾向于伤害对方的经济利益，从而选择拒绝提议。

表 4–10　被试拒绝率的平均数和标准差

不公平程度	知晓			不知晓		
	羞耻		中性	羞耻		中性
不公平	0.64 (0.46)	=	0.70 (0.44)	0.58 (0.47)	=	0.55 (0.47)
相对不公平	0.29 (0.40)	=	0.29 (0.42)	0.24 (0.41)	=	0.18 (0.32)
公平	0.10 (0.30)	=	0.05 (0.21)	0.01 (0.12)	=	0.02 (0.15)

注：符号“=”表示没有显著差异，$p > 0.05$。

与实验 5 和实验 6 的结果一致，实验 7 发现当他人知晓事件时，羞耻不会显著增加被试对他人的愤怒。此外，实验 7 重复了前人的研究发现（如：Elison, Garofalo, & Velotti, 2014; Thomaes et al., 2011），显示当他人不知晓事件时，羞耻会显著增加被试对他人的愤怒。该结果表明，他人对羞耻事件的知晓情况确实会调节羞耻情绪对个体愤怒的影响。值得注意的是，实验 5、实验 6 以及实验 7 存在一个共同的局限。那就是，这些实验里提供了不同的问题（方式）让被试表达自己的情绪和态度，包括表达他们的愤怒、抱怨自己被轻视以及拒绝对方的提议。被试在这些不同问题中的回答可能在某种程度上彼此干扰。为克服该局限，在接下来的实验 8 中，研究将只关注羞耻情绪对个体愤怒的影响。另外，羞耻特质倾向是一个可能与个体愤怒情绪相关的重要人格特质。为排除羞耻特质倾向作为潜在的组间变量对实验结果的影响，研究将在实验 8 中对羞耻特质倾向进行测量和控制。

第五节 实验 8：独裁者游戏中，他人知晓情况对羞耻情绪与愤怒关系的作用

一、被试

被试的招募主要通过在学校网络论坛发布广告的形式进行。240 名大学生自愿参与了该实验。根据被试的自我报告，所有被试身体健康，无精神疾病或精神疾病史。有 20 名被试因为错误理解实验指导语或没有完成实验而被排除。最终的数据分析中，剩余 220 名被试，其中女性 126 名，男性 94 名，平均年龄为 21.77 岁，标准差为 4.69 年。

二、实验设计和流程

该实验为 2（被试间变量，他人知晓情况：知晓 vs. 不知晓）× 2（被试间变量，情绪状态：羞耻 vs. 中性）× 3（被试内变量，不公平程度：不公平 vs. 相对不公平 vs. 公平）混合设计。

实验 8 以实验 7 为基础进行了如下改动和拓展：（1）与实验 7 让被试想象进行最后通牒游戏不同，实验 8 会让被试想象进行独裁者游戏（Dictator Game, DG）。在独裁者游戏中，有一名独裁者和一名接受者。独裁者可以决定如何在自己和接受者之间分配 10 元人民币。接受者别无选择，只能接受独裁者的分配。实验中，被试总是以接受者的身份与其他五人（其他五人均为独裁者）进行独裁者游戏。（2）被试在看到每个独裁者的分配后，只需回答自己对其有多愤怒（0 = 完全没有，6 表示非常强烈）。（3）被试在想象任务开始前完成了自我意识情绪测试 (Test of Self-Conscious Affect, Tangney & Dearing, 2003)。该测试被用于测量被试的羞耻情绪特质。

三、结果与讨论

首先，检测实验对情绪状态的操控是否成功。无论是对于他人知晓或不知晓事件情况，相比于中性条件，羞耻条件下被试的羞耻评分都显著更高，所有 $F > 75.40$, 所有 $p < 0.001$, 所有偏 $\eta^2 > 0.416$（见表 4–11）。知晓–羞耻条件和不知晓–羞耻条件下被试的羞耻评分没有显著差异，$F(1,108) = 1.66, p = 0.200$, 偏 $\eta^2 = 0.015$。无论是在知晓–羞耻条件或不知晓–羞耻条件下，被试的羞耻情绪评分都显著高于其他情绪的评分，所有 $F > 5.77$, 所有 $p < 0.020$, 所有偏 $\eta^2 > 0.097$。这表明我们对羞耻情绪的操作是成功的。另外，实验规则理解测试表明，所有被包含在数据分析里的被试都正确地理解提议者们知晓或不知晓其报告情况。

表 4–11　羞耻、恐惧、悲伤、内疚、对他人愤怒以及对自己愤怒评分的平均数和标准差

情绪	知晓		不知晓	
	羞耻	中性	羞耻	中性
羞耻	7.96 (2.36)	3.49 (2.97)	8.49 (1.90)	3.32 (2.86)
恐惧	7.02 (2.59)	2.79 (2.15)	7.07 (2.68)	3.46 (2.68)
悲伤	6.91 (2.48)	4.09 (2.68)	7.38 (2.51)	3.88 (2.98)
内疚	7.36 (2.52)	3.66 (2.78)	7.31 (2.40)	3.51 (2.91)
对他人愤怒	2.35 (2.39)	1.19 (1.47)	2.73 (2.72)	1.18 (1.96)
对自己愤怒	6.65 (2.93)	3.28 (2.76)	7.25 (2.53)	4.09 (2.97)

为检测羞耻事件的知晓情况、羞耻情绪和不公平程度是如何影响被试对他人的愤怒的，研究以他人知晓情况、情绪状态和不公平程度为自变量，以被试对提议者的愤怒评分为因变量进行了方差分析。结果发现，不公平程度的主效应显著，$F(2,432) = 361.50, p < 0.001$, 偏 $\eta^2 = 0.626$（见表 4–12 和图 4–2）。情绪状态的主效应不显著，$F(1,216) = 2.05, p = 0.154$, 偏 $\eta^2 = 0.009$。他人知晓情况的主效应也不显著，$F(1,216) = 0.31, p = 0.581$, 偏 $\eta^2 < 0.001$。他人知晓情况和情绪状态的双因素交互作用显著，$F(1,216) = 5.58$, p = 0.019, 偏 $\eta^2 = 0.025$。之后进行简单效应分析，其结果显示，在他人知晓情况的条件下，羞耻条件和中性条件的被试的愤怒评分没有显著差异，$F(1,106) = 0.44, p = 0.510$, 偏 $\eta^2 = 0.004$；而在他人不知晓情况的条件下，羞耻条件的被试会比中性条件的被试更加愤怒，$F(1,110) = 7.17$,

$p = 0.009$, 偏 $\eta^2 = 0.061$。该结果表明，他人对羞耻事件的知晓情况确实会调节羞耻情绪对个体愤怒的影响。此外，不公平程度和情绪状态的双因素交互作用不显著，$F(2,432) = 1.17, p = 0.311$, 偏 $\eta^2 = 0.005$。不公平程度和他人知晓情况的双因素交互作用不显著，$F(2,432) = 0.28, p = 0.757$, 偏 $\eta^2 = 0.001$。他人知晓情况、情绪状态和不公平程度的三因素交互作用不显著，$F(2,432) = 1.75, p = 0.175$, 偏 $\eta^2 = 0.008$。

虽然他人知晓情况、情绪状态和不公平程度的三因素交互作用未呈显著，但为了验证实验 8 结果和实验 7 结果的一致性，这里依然在不同的公平程度下，探究他人知晓情况和情绪状态的交互作用。结果发现，在公平条件下，他人知晓情况和情绪状态的交互作用不显著，$F(1,216) = 2.33, p = 0.128$, 偏 $\eta^2 = 0.011$。这可能是因为，在公平条件下，被试对提议者的愤怒非常低，已经没有足够的空间留给羞耻去减少愤怒了（地板效应，floor effect）。在不公平和相对不公平条件下，他人知晓情况和情绪状态的交互作用都显著（$F(1,216) = 4.10, p = 0.044$, 偏 $\eta^2 = 0.018$；$F(1,216) = 5.23, p = 0.023$, 偏 $\eta^2 = 0.024$）。进一步分析发现，在公平条件下，知晓–羞耻和知晓–中性条件之间没有显著差异（$F(1,216) = 0.56, p = 0.456$, 偏 $\eta^2= 0.003$），并且不知晓–羞耻和不知晓–中性条件之间也没有显著差异（$F(1,216) = 1.98, p = 0.161$, 偏 $\eta^2 = 0.009$）。在相对不公平条件下，知晓–羞耻条件和知晓–中性条件被试的愤怒评分没有显著差异（$F(1,216) = 0.24, p = 0.628$, 偏 $\eta^2 = 0.001$），而不知晓–羞耻条件的愤怒评分显著高于不知晓–中性条件（$F(1,216) = 7.45, p = 0.007$, 偏 $\eta^2 = 0.034$）。在不公平条件下，知晓–羞耻条件和知晓–中性条件被试的愤怒评分没有显著差异（$F(1,216) = 0.26, p = 0.609$, 偏 $\eta^2 = 0.001$），而不知晓–羞耻条件的愤怒评分显著高于不知晓–中性条件（$F(1,216) = 5.45, p = 0.025$, 偏 $\eta^2 = 0.019$）。该实验结果与实验 7 的结果一致，这再次表明，在不受地板效应影响的情况下，当他人知晓羞耻诱发事件时，羞耻会控制个体的愤怒；而当他人不知晓羞耻诱发事件时，羞耻会增加个体的愤怒。

表 4-12 被试对独裁者的愤怒评分的平均数和标准差

不公平程度	知晓			不知晓		
	羞耻		中性	羞耻		中性
不公平	2.73 (1.84)	=	2.91 (1.64)	3.06 (1.88)	>	2.28 (1.73)
相对不公平	1.47 (1.31)	=	1.59 (1.15)	1.86 (1.38)	>	1.19 (1.34)
公平	0.22 (0.63)	=	0.32 (0.87)	0.27 (0.80)	=	0.09 (0.43)

注：符号“=”表示没有显著差异，$p > 0.05$；符号“>”表示前者显著大于后者，$p < 0.05$。

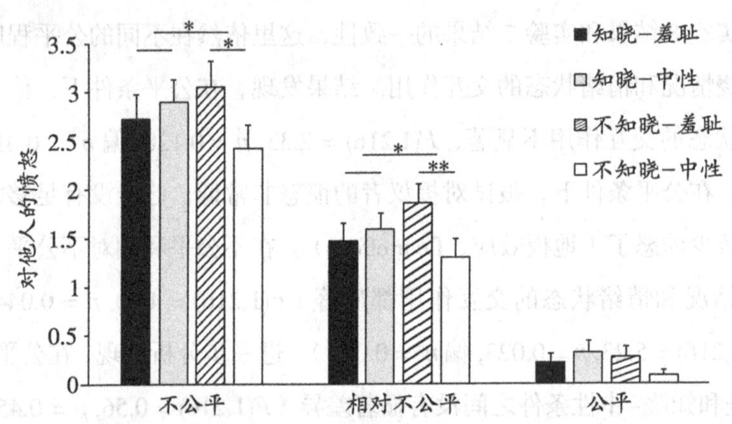

图 4-2 被试对他人的愤怒评分的平均数和标准误（$^{**}p<0.01$，$^{*}p<0.05$）

为探究被试的羞耻特质倾向是否会给结果带来影响，以被试的羞耻特质倾向得分为因变量进行了方差分析。发现，四个条件下的被试的羞耻特质倾向均没有显著差异，$F(1,216) = 0.48, p = 0.699$, 偏 $\eta^2 = 0.007$。另外，以羞耻特质倾向分数为协变量，重复上述关于愤怒的分析，发现羞耻特质倾向分数的纳入并不会改变之前的统计结果的显著性。并且，羞耻特质倾向作为协变量也没有显著影响被试对独裁者的愤怒，$F(1,215) = 0.16, p = 0.689$, 偏 $\eta^2 = 0.001$。由上，羞耻特质倾向没有显著影响该实验的结果。

第六节　研究二讨论

研究二探究了在不同的情况下，羞耻情绪与个体对他人的愤怒之间的关系。结果显示，在他人知晓羞耻事件的情况下，羞耻不会增加个体对他人的愤怒（实验 5、实验 6、实验 7 和实验 8）；而在他人不知晓羞耻事件的情况下，羞耻会增加个体对他人的愤怒（实验 7 和实验 8）。该发现并不是因为组间的自尊特质（实验 6）或羞耻特质倾向的差异 (实验 8)，也不是因为羞耻情绪改变了个体对他人行为的轻视感知（实验 5、实验 6 和实验 7）。总的来说，该实验结果支持了之前的实验假设，即羞耻事件的他人知晓情况会调节羞耻对个体愤怒的作用。

有些研究者将羞耻情绪视为会自动激活对他人的愤怒的一种疼痛 (Elison et al., 2014)，并认为将羞耻（如：自我否定）转化为对他人的愤怒（如：找借口指责他人）会缓解个体的心理疼痛感 (Thomaes et al., 2011)。对他人的愤怒似乎起到的只是一种止痛药的作用。这种羞耻的疼痛理论，可以解释为什么在他人不知晓被试的羞耻事件时，羞耻会增加被试对他人的愤怒，却无法解释为什么在他人知晓被试的羞耻事件时，羞耻并不会增加被试对他人的愤怒。

因此，引入进化心理学（情绪功能主义）的角度去理解羞耻和对他人的愤怒就尤为重要了。除了导致心理疼痛以外，根据羞耻的信息威胁理论，羞耻会促使个体维护自己的社会形象，证明自己对他人的价值，以避免自己被排除出社会互惠关系。忍受他人的自私和无理要求是一种证明自己对他人的价值的方式 (de Hooge et al., 2008; Gilbert, 2000; Wicker et al., 1983)。与忍受他人的自私和无理要求相反，向他人展现愤怒是要求他人满足自己更多的私利 (Sell et al., 2017)。这种愤怒所传达的信号是，如果想要继续维持现有关系，他人需要付出更多的代价。而

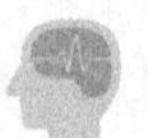

这种信号会增加他人终结一段关系并对该个体产生消极评价的可能性。当个体的羞耻事件暴露给了他人后，羞耻一方面会督促个体增加自己在他人心目中的价值，另一方面会产生心理疼痛感。为了满足增加自己在他人心目中的价值的需求，个体应该降低自己对他人的愤怒；为了满足降低心理疼痛的需求，个体应该增加自己对他人的愤怒。两种需求的冲突造成了本研究所发现的，在他人知晓了个体的羞耻事件后，羞耻不会增加个体愤怒的结果。而当个体的羞耻事件没有暴露给他人后，就没有任何社会需求促使个体增加自己在他人心目中的价值。那么，羞耻所造成的心理疼痛就会自动激发个体的愤怒 (Berkowitz, 2012)。这也就是为什么，在他人不知晓羞耻事件时，羞耻会增加个体愤怒。本研究的结果不仅支持了羞耻的信息威胁理论，还将羞耻的信息威胁理论和羞耻的疼痛理论融合在一起，对羞耻与愤怒之间的关系进行了更全面的论述和解释。

尽管研究二中的实验一致发现在他人不知晓羞耻事件的条件下，羞耻增加个体对他人的愤怒；在他人知晓羞耻事件的条件下，羞耻不会增加个体对他人的愤怒，不同实验结果的效应量之间差异较大。为更好地描绘和总结研究的结果，这里对实验的效应进行了元分析。结果显示，当他人知晓事件情况时，在相对不公平条件下，羞耻情绪会降低被试的愤怒（见表4–13）；而在不公平和公平条件下，羞耻情绪组和中性情绪组的被试愤怒评分没有显著差异。当他人不知晓事件情况时，在不公平和相对不公平条件下，羞耻情绪会增加被试的愤怒；而在公平条件下，羞耻情绪组和中性情绪组的被试愤怒评分没有显著差异。该结果依然支持研究的假设。对于为什么不同的实验在探究他人知晓事件情绪的条件下，羞耻对个体愤怒的作用是得到的效应量差异较大的一个可能的解释是：羞耻带来的疼痛对于愤怒的激发是自动化的 (Berkowitz, 2012; MacDonald & Leary, 2005)。然而，个体为了证明自己在他人眼中的价值，去抑制愤怒情绪，是需要一定的认知资源的。不同的个体之间抑制愤怒的能力可能有所差异。对于抑制能力较差的被试，其只能保证愤怒不会增加，但无法对愤怒进行降低。

表 4-13　羞耻对个体对他人愤怒影响的元分析结果

不公平程度	知晓 (4 个实验)			不知晓 (2 个实验)		
	Cohen's *d*	95% CI	*p*	Cohen's *d*	95% CI	*p*
不公平	−0.170	(−0.35,0.01)	.061	0.413	(0.17,0.65)	< .001
相对不公平	−0.198	(−0.38,−0.02)	.032	0.510	(0.27,0.75)	< .001
公平	−0.008	(−0.19,0.17)	.930	0.159	(−0.08,0.40)	.192

注：负数的 Cohen's *d* 表示羞耻条件的愤怒评分低于中性条件，正数的 Cohen's *d* 表示羞耻条件的愤怒评分高于中性条件；CI 表示 Cohen's *d* 的置信区间。

与前人的研究结果一致 (Pillutla & Murnighan, 1996)，本研究发现随着他人行为的不公程度的增加，个体对他人的愤怒程度也会增加。在实验 7 和实验 8 中，在不公平和相对不公平条件下，他人知晓情况和情绪状态对愤怒评分交互作用显著；而在公平条件下，该显著交互作用消失。这可能是因为地板效应，因为在公平条件下被试的愤怒评分非常低。研究中没有发现明显的天花板效应。

本研究探究的是羞耻对于个体对他人愤怒（而非个体对自己的愤怒）的影响。对自己的愤怒和对他人的愤怒在认知和行为倾向上都存在很大的差异 (de Hooge et al., 2014; Ellsworth & Tong, 2006)。在未来，羞耻在不同的情况下如何影响个体对自己的愤怒可能是一个有价值的研究方向。然而，这已经超出了本研究的研究范围。

前人研究发现，愤怒情绪会导致个体在最后通牒游戏中更倾向于做出拒绝决策 (Pillutla & Murnighan, 1996)，但是在本实验中，羞耻对愤怒情绪的影响并没有转换为被试对提议的拒绝。这可能是因为导致个体在最后通牒游戏中做出拒绝决策的因素除了愤怒以外还有很多其他因素，包括各种各样的情绪（如：悲伤和内疚）和动机（如：掌控感）(如：Kaltwasser, Hildebrandt, Wilhelm, & Sommer, 2016; Yamagishi et al., 2012)。因此，本研究中组间的愤怒情绪的差异可能还不足以导致组间的拒绝率的差异。

总的来说，本研究表明，他人对羞耻事件的知晓情况会调节羞耻情绪对个体对他人愤怒的影响。实验结果支持了羞耻的信息威胁理论，表明羞耻确实会督促个体维护自己在他人心目中的价值，保持积极的社会形象。此外，本研究还对羞耻的疼痛理论和羞耻的信息威胁理论进行了融合，更全面地对羞耻与愤怒之间的关系进行了阐明和解释。

第五章

研究三：人际互动中内疚与羞耻在时间进程上的神经反应

第一节　研究背景与研究目的

研究三主要探讨人际互动中内疚与羞耻在时间进程上的神经反应，包括两个实验研究：（1）实验 9，诱发内疚和羞耻的人际互动范式的开发与检验；（2）实验 10，人际互动中内疚与羞耻的时间加工进程。

不少行为和磁共振研究对内疚和羞耻的心理成分和相关脑区进行了探索，但是内疚和羞耻在时间上的加工进程差异却仍然是未知的。直觉上看，人们可能认为，要对复杂的道德情绪进行区分可能需要较长的时间。然而越来越多的事件相关电位（event-related potential，ERP）研究表明，关于道德的信息可以被非常快速地加工。例如，通过基于事件相关电位技术，有研究者发现早在刺激出现后的 62 毫秒，颞顶联合区（可能）就已经参与到道德信息的加工中了 (Decety & Cacioppo, 2012)。此外，在一个看图片的任务里，由道德刺激引发的情绪反应被发现与早期脑电成分有关（P2）(Gui, Gan, & Liu, 2015)。因此，利用脑电技术的高时间分辨率，了解内疚和羞耻的加工差异会发生在哪个时间段是一个值得探索的研究方向。

不同的脑电成分和神经震荡会反映一些不同的认知加工过程。下面的一些脑电成分（P2、N2 和 P3）和神经震荡（oscillation，theta 波和 alpha 波）可能与内疚和羞耻的加工有关。

P2，作为一个早期脑电成分，与注意选择和知觉加工有关 (Chen, Xu, et al., 2008; Hillyard & Anllo-Vento, 1998; Martin & Potts, 2004; Potts, Patel, & Azzam, 2004)。许多研究报告称当注意力（自动 / 半自动地）被吸引到应该关注的刺激（如：与当前任务有关的刺激或重要的反馈信息）时，P2 的振幅会更大 (BarHaim, Lamy,

& Glickman, 2005; Hämmerer, Li, Müller, & Lindenberger, 2011; Luck, Woodman, & Vogel, 2000)。因为，相比于与别人有关的信息，与自我有关的信息通常会吸引更多的注意力，不少研究发现相比于与他人有关的刺激，与自我有关的信息会诱发前额区域里更大的P2振幅(Chen et al., 2011; Hu, Wu, & Fu, 2011; Meixner & Rosenfeld, 2010)。例如，Meixner等人(2010)发现相比于其他日期，被试自己的生日日期会诱发更大的P2振幅。考虑到相比于内疚，在羞耻下的个体更倾向于认为自己的自我形象受损（涉及更多的自我参照加工），研究预期相比于内疚条件，在羞耻条件下个体会有更大的P2振幅。

早期成分N2与对注意资源的控制有关(见综述, Folstein & Van Petten, 2008)。随着对注意力的控制的需求的增长，N2会变得更大(Bartholow et al., 2005; Van Noordt & Segalowitz, 2012; Van Veen & Carter, 2002)。另外，有研究者认为，因为与自我有关的信息对于个体具有更高的生存价值，因此更容易被提取和加工，且只会消耗较少的注意资源(Campanella et al., 2002; Chen, Yang, & Cheng, 2012)。很多研究显示，相对于非自我相关的刺激，与自我有关的信息会诱发较小的N2(Chen, Weng, Yuan, Lei, & Qiu, 2008; Chen et al., 2012; Keyes, Brady, Reilly, & Foxe, 2010; Wu, Yang, Sun, Liu, & Luo, 2013)。考虑到在羞耻条件可能涉及更多的自我参照加工，研究预期相比于内疚条件，在羞耻条件下个体可能会有更小的N2。

P3是一种脑电晚期成分，与许多受控的、精细的认知加工有关，包括背景状态的更新、工作记忆、注意资源分配和情绪加工等(Ito, Larsen, Smith, & Cacioppo, 1998; Polich, 2007, 2012)。例如，当个体能够并主动将注意资源分配到与当前任务有关的地方时，P3的振幅会更大(Isreal, Chesney, Wickens, & Donchin, 1980; Ullsperger, Metz, & Gille, 1988; Wickens, Kramer, Vanasse, & Donchin, 1983)。又例如，当刺激的情绪效价越负性，个体的P3振幅也会越大(Ito et al., 1998; Olofsson, Nordin, Sequeira, & Polich, 2008)。考虑到内疚和羞耻都存在复杂的认知加工，研究认为P3成分应该会反映这两种复杂情绪的某些认知过程。但研究并没有明确的关于P3在内疚条件和羞耻条件间是否存在显著差异的假设。

关于脑电信号的频率领域方面，theta震荡被认为与（情绪相关的）凸显探测（salience detection）有关 (Basar, 1998, 1999)。使用不同种类刺激（如：人脸、图片和电影片段）的研究都发现，相比于观看低唤醒度（arousal）的中性刺激，个体在观看高唤醒度的情绪刺激时额叶和顶叶区域的 theta 震荡更强 (Knyazev, Slobodskoj-Plusnin, & Bocharov, 2009; Knyazev, Bocharov, Savostyanov, & Slobodskoy-Plusnin, 2015; Krause, Viemero, Sillanma, & Teresia, 2000)。考虑到并没有一致的研究证据表明内疚和羞耻在激活与情绪唤醒度有关的脑区时存在显著差异 (Basile et al., 2011; Michl et al., 2014; Roth et al., 2014; Wagner, N'Diaye, Ethofer, & Vuilleumier, 2011)，研究预期在内疚条件和羞耻条件下 theta 波不存在显著差异。

alpha 波既与基础的认知加工（如：注意）有关 (见综述 , Wolfgang Klimesch, 2012)，也与复杂的认知加工（如：共情、心理理论）有关 (Yawei Cheng, Chen, & Decety, 2014; Fan, Chen, Chen, Decety, & Cheng, 2014)。关于注意的研究发现，相比于需要将注意放在自我内部的任务，需要将注意放在外部环境的任务（如：要求对周围的环境信息进行加工）会引发更负的 alpha 震荡（larger alpha desyncronization）(Benedek, Bergner, Könen, Fink, & Neubauer, 2011; Benedek, Schickel, Jauk, Fink, & Neubauer, 2014; Rowland, Meile, & Nicolaidis, 1985)。这些研究表明 alpha 震荡会反映注意的朝向 (Benedek et al., 2014)。关于共情的研究则表明，相比于看到他人没有接受疼痛刺激的情况，被试看到他人在接受疼痛刺激时，会产生更负的 alpha 震荡 (Chen, Yang, & Cheng, 2012; Cheng, Hung, & Decety, 2012; Yawei Cheng, Chen, & Decety, 2014; Fan, Chen, Chen, Decety, & Cheng, 2014; Yang, Decety, Lee, Chen, & Cheng, 2009)。关于心理理论的研究则表明，个体间 alpha 波的差异情况可能与其理解他人心理状态的能力有关 (Sabbagh & Flynn, 2006)。考虑到相比于羞耻，个体处于内疚时会把更多的注意投向他人并展现出更多的共情性关心，因此，研究预期相比于羞耻条件，个体在内疚条件下会有更负的 alpha 震荡。

前人的研究主要通过让被试想象自己做出违规事件或回忆一些个人经历的方式去诱发被试的内疚和羞耻 (Michl et al., 2014; Takahashi et al., 2004; Wagner et al., 2011)。然而这类范式难以用于脑电研究，因为脑电研究通常要求事件锁时。此外，想象和回忆并不是人们体验内疚和羞耻的必要方式，使用这类范式可能会引入一

些与内疚和羞耻无关的心理过程 (Mclatchie et al., 2016; Yu et al., 2014)。因此，有必要开发出一个适用于脑电研究，且能在自然的人际交互环境中诱发内疚和羞耻的范式。

研究三由两个实验组成：实验 9 为行为实验，其目的是检验新开发出来的实验范式是否能有效地诱发目标情绪；实验 10 为脑电实验，研究利用该实验探究内疚和羞耻加工的时间进程和相关的认知活动情况。

第二节　实验 9：诱发内疚和羞耻的人际互动范式的开发与检验

一、被试

被试的招募主要通过在学校网络论坛发布广告的形式进行。27 名成年大学生自愿参与了该实验。根据被试的自我报告，所有被试身体健康，无精神疾病或精神疾病史。有 2 名被试因为错误理解实验指导语而被排除。最终的数据分析中，剩余 25 名被试，其中女性 12 名，男性 13 名，平均年龄为 22.52 岁，标准差为 2.58 年。两名大学生（一男一女）被招募为演员，在实验中扮演被试的同伴。演员与参与实验的被试之前并不认识。

二、实验设计和流程

该实验为单变量（情绪状态：内疚 vs. 羞耻 vs. 高兴（非道德情绪））被试内设计。

被试到达实验室后会见到一名与其同性别的同伴（实际上为研究者请来的演员），并被告知要通过内部网络与该同伴玩一个建议–决策游戏(改编自一项关于人际内疚的研究，Yu et al., 2014)。之后，两人会被带到不同的房间去接受实验规则指导。在建议–决策游戏中有两个角色，一个为建议者，一个为决策者。在每个试次中，建议者会看到一个点数图片（总是20个点，点的出现位置每次随机）（见图5–1）。图片会呈现1.5秒。建议者需要为决策者提出一个建议，即建议者觉得图中点数是多于20个还是少于20个。与此同时，决策者会看到一个同样的点数图片，但只呈现0.75秒。随后，决策者会看到建议者的建议，当其看完建议者的建议后，他需要在3秒之内决定是否接受对方的建议。之后，建议者和决策者都会看到他们的建议和决策是否正确。最后，两个情绪词会出现在屏幕上，被试需要选择最能精确描绘其当前情绪的情绪词。不同的结果后面会出现不同的情绪词（见表5-1）。情绪词出现的左右位置是被平衡了的。值得注意的是，被试被告知如果两个情绪词都无法准确描绘其当前情绪，其可以不做出选择。另外，被试和同伴在游戏中会依次担任决策者和建议者的角色。当担任决策者时，每做出一次正确的决策可以获得0.5元作为奖励，而做出一次错误的决策则会被扣除0.5元作为惩罚（决策者的表现并不会影响建议者的金钱得失）。当担任建议者时，无论建议正确还是错误，都可以一共固定获得30元作为补偿。

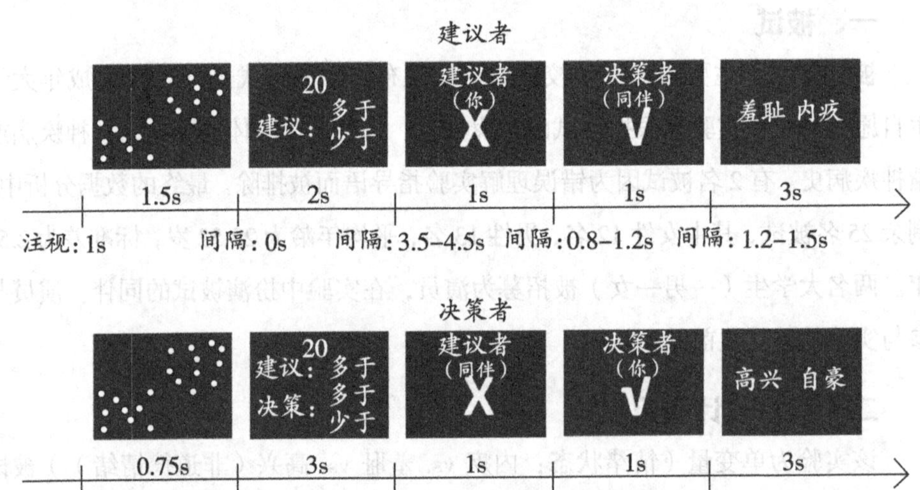

图 5-1　被试作为建议者和决策者时的事件流程图

表 5-1　出现在不同结果后面的情绪词

角色	条件	结果		情绪词
		建议	决策	
建议者	内疚条件	错误	错误	内疚、羞耻
	羞耻条件	错误	正确	内疚、羞耻
	高兴条件	正确	正确	高兴、自豪
		正确	错误	高兴、自豪
决策者		错误	错误	悲伤、愤怒
		错误	正确	高兴、自豪
		正确	正确	高兴、自豪
		正确	错误	悲伤、羞耻

被试首先以决策者的身份参与 25 个试次的建议-决策游戏。游戏结果由如下规则决定：当被试的决策和建议者的建议一致，那么有 80% 的概率显示被试决策正确；反之，则只有 20% 的概率显示被试答对。该设置旨在暗示进行正确建议的难度不是很高，建议者要在一定程度上为决策者的经济损失负责，以增强被试在担任建议者时答错后的内疚或羞耻。前人研究已经表明，坏的结果、责任，以及任务难度都是决定个体是否会产生内疚和羞耻的重要因素（Carnì, Petrocchi, Del Miglio, Mancini, & Couyoumdjian, 2013; Tangney & Dearing, 2003; Tracy & Robins, 2006）。

随后，被试以建议者的身份参与 25 个试次的建议-决策游戏。在其中 8 个试次里，被试建议错误，决策者接受建议后决策错误（内疚条件）。该结果暗示，建议者错误的建议一定程度上导致了决策者的经济损失。坏的结果和责任是引发内疚的重要因素（Carnì, Petrocchi, Del Miglio, Mancini, & Couyoumdjian, 2013; Tangney & Dearing, 2003; Tracy & Robins, 2006）。在 8 个试次里，被试建议错误，决策者拒绝建议后决策正确（羞耻条件）。该结果暗示决策者的表现要比被试好。因为其看到点数的时间只有 0.75 秒，而被试看到点数的时间是 1.5 秒。即使在这种情况下，决策者还是正确地拒绝了被试的建议。感觉能力不如对方和被对方拒绝都会引发羞耻 (Leach, 2011; Smith, Webster, Parrott, & Eyre, 2002; Tangney & Dearing, 2003; Tracy & Robins, 2006)。在另外 8 个试次里，决策者接受建议后决策正确（高兴条件，作为非道德情绪控制条件）。在剩余的 2 个试次里，被试建议正确，决策者拒绝建议后决策错误（不确定条件）。最后一个条件的试次要少于其他条件是因为，前期的预实验结果和访谈表明，当不确定条件的试次与羞耻条件的试次数量一样时，被试在羞耻条件下的羞耻体验会被大大削弱。这是因为，被试作为建议者发现决策者正确拒绝自己的建议和错误拒绝自己的建议的次数一样多时，会认为决策者正确拒绝自己的建议只是因为运气，而不是因为决策者的点数估计能力比自己高。不同条件的试次以一定的伪随机顺序呈现给被试，以保证同一条件的试次不会连续出现三次以上。

游戏结束后，被试需要对各个条件的结果出现时，自己的各种情绪（内疚、羞耻、高兴、愤怒、悲伤、自豪）的强度进行评分（1 = 完全没有，9 = 非常强烈）。

三、结果与讨论

为检测实验对情绪状态的操控是否成功，首先分析被试在游戏过程中对于情绪词的选择情况。结果表明，在内疚条件下，被试选择“内疚”来描绘自己情绪状态的频次（平均数为 5.04，标准差为 1.59，见图 5–2）要显著高于选择“羞耻”（平均数为 2.84，标准差为 1.62；$F(1,24) = 11.81, p = 0.002$, 偏 $\eta^2 = 0.330$）或放弃选择（平均数为 0.11，标准差为 0.32；$F(1,24) = 227.50, p < 0.001$, 偏 $\eta^2 = 0.905$）的频次。在羞耻条件下，被试选择“羞耻”来描绘自己情绪状态的频次（平均数为 5.28，标准差为 2.17）要显著高于选择“内疚”（平均数为 2.72，标准差为 2.17；$F(1,24) = 8.70, p = 0.007$, 偏 $\eta^2 = 0.266$）或放弃选择（平均数为 0，标准差为 0；$F(1,24) = 147.98, p < 0.001$, 偏 $\eta^2 = 0.860$）的频次。在高兴条件下，被试选择“高兴”来描绘自己情绪状态的频次（平均数为 4.72，标准差为 1.49）要显著高于选择“自豪”（平均数为 2.28，标准差为 1.49; $F(1,24) = 16.84, p < 0.001$, 偏 $\eta^2 = 0.412$）或放弃选择（平均数为 0，标准差为 0；$F(1,24) = 252.02, p < 0.001$, 偏 $\eta^2 = 0.913$）的频次。

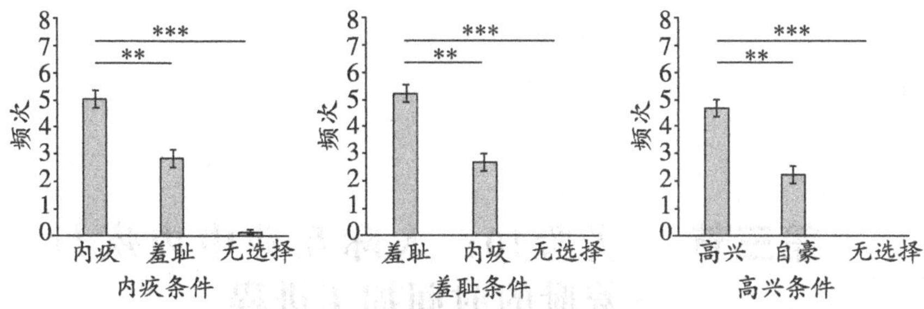

图5-2 被试关于情绪词的选择频次的平均数和标准误($^{***}p < 0.001$, $^{**}p < 0.01$)

接着，分析被试在游戏结束后对各个条件的情绪评分。结果显示，对于内疚条件，内疚评分显著高于其他所有情绪评分，所有 $F > 9.71$, 所有 $p < 0.005$, 所有偏 $\eta^2 > 0.288$（见图 5–3）。对于羞耻条件，羞耻评分（边缘）显著高于其他所有情绪评分，所有 $F > 4.22$, 所有 $p < 0.051$, 所有偏 $\eta^2 > 0.150$。对于高兴条件，高兴评分（边缘）显著高于其他所有情绪评分，所有 $F > 4.15$, 所有 $p < 0.053$, 所有偏 $\eta^2 > 0.147$。综合来看，实验结果表明研究新开发的人际范式成功诱发了目标情绪。

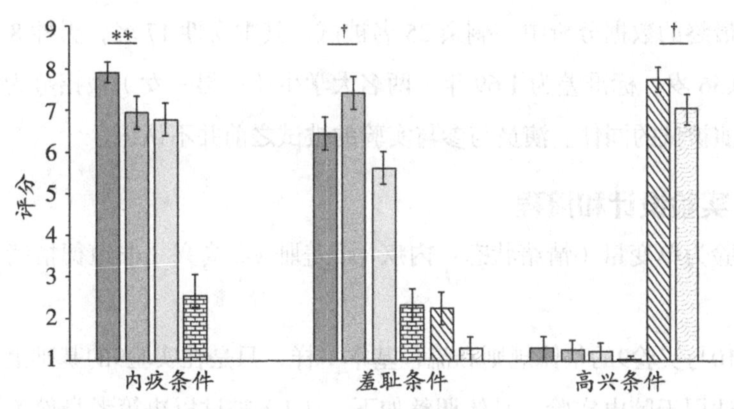

图 5–3 被试情绪评分的平均数和标准误（ $^{\dagger}p < 0.1$, $^{**}p < 0.01$ ）

第三节　实验10：人际互动中内疚与羞耻的时间加工进程

一、被试

被试的招募主要通过在学校网络论坛发布广告的形式进行。28 名右利手的成年大学生自愿参与了该实验。根据被试的自我报告，所有被试身体健康，无精神疾病或精神疾病史。有 3 名被试因为错误理解指导语或因私人原因中途退出而被排除。最终的数据分析中，剩余 25 名被试，其中女性 17 名，男性 8 名，平均年龄为 20.56 岁，标准差为 1.69 年。两名大学生（一男一女）被招募为演员，在实验中扮演被试的同伴。演员与参与实验的被试之前并不认识。

二、实验设计和流程

该实验为单变量（情绪状态：内疚 vs. 羞耻 vs. 高兴（非道德情绪））被试内设计。

实验10与实验9的整体规则和流程基本一样，只是在实验9的基础上进行了微调以使其适用于脑电实验。具体调整如下：（1）被试以决策者身份参与30个试次的建议-决策游戏。之后，被试以建议者身份参与160个试次的建议-决策游戏。其中内疚条件、羞耻条件、高兴条件各为50个试次，不确定条件为10个试次。（2）建议者一共固定获得60元作为补偿。

三、脑电数据记录

在被试进行建议-决策游戏期间，研究使用 NeuroScan 公司生产的仪器，以 64 导的电极帽记录其脑电数据。在线记录的信号以左侧乳突为参考。水平眼电（horizontal electrooculogram）通过放置在双眼外侧的两个电极记录，垂直眼电

（vertical electrooculogram）通过放置在左眼上下的两个电极记录。脑电数据会被放大(amplified)、滤波(0.05～100 Hz)以及以500Hz的采样率被数字化(digitized)。电极的电阻均被维持在5 kΩ 以下。

四、数据分析

（一）预处理

将脑电数据离线转为以双侧乳突为参考。通过 Neuroscan 自带的回归算法移除与眼睛相关的伪迹（眨眼和眼动）(Semlitsch, Anderer, Schuster, & Presslich, 1986)。对数据进行 0.5Hz 的高通滤波。以决策者的正误结果反馈为所关注的刺激，将脑电数据切分为 3000 ms 一段，刺激前预留 800 ms，以刺激前的 200 ms 为基线进行基线校正。如果某段脑电数据中包含大于 ± 100 μV 的伪迹，则剔除该段数据。最终，内疚条件、羞耻条件、高兴条件里无伪迹的试次数平均分别为：47.24 ± 3.23，47.16 ± 3.88 和 47.96 ± 3.23。

（二）脑电成分分析

将无伪迹的数据分割为 1200 ms 一段，以决策者的决策结果为刺激进行锁时，且保留刺激出现前的 200 ms 为基线。对数据进行 30 Hz 的低通滤波。研究主要关心的脑电成分为 P2, N2 和 P3。用振幅峰值来测量 P2 成分（在 140～220 ms 的时间窗内，以电极 F3, Fz, F4, FC3, FCz 和 FC4 为对象，搜寻最大的正峰值）。用振幅的峰峰值（peak-to-peak amplitude）来测量 N2 成分（以之前的 P2 为基线，在 160～240 ms 的时间窗内，以电极 F3, Fz, F4, FC3, FCz 和 FC4 为对象，搜寻最大的负峰值，并作差）。以 P2 为基线，用峰峰值来定义 N2 是因为在脑电图中可以观察到 N2 与 P2 是相互重叠的 (Gajewski, Stoerig, & Falkenstein, 2008; Picton et al., 2000)。用平均振幅来测量 P3 成分（在 280～520 ms 的时间窗内，以电极 FC1, FCz, FC2, C1, Cz, C2, CP1, CPz 和 CP2 为对象，取均值）。对不同成分的测量方法、时间窗的选取、电极的选择是依据前人的文献和对脑电波形图的观察来进行的 (Chen et al., 2011; Hu et al., 2011; Huang & Luo, 2006)。

（三）时频分析

时频分析是以每个试次为单位进行的。以无伪迹的数据为对象，使用

EEGLAB 提供的复杂正弦波转换计算事件相关频谱摄动（event-related spectral perturbations, ERSPs）(Delorme & Makeig, 2004)。为避免边界效应（edge effect）影响研究所关心的时间窗，进行时频分析时，对决策者的决策正误信息进行锁时，将时间窗设为 -800 ms 到 2200 ms。对 3 ～ 100Hz 之间的各个时间点的功率（power）进行计算。以刺激出现前的 200 ms 为基线，进行基线校正。将功率数值转化为分贝刻度（decibel scale）。对每个被试在每个条件的所有试次的结果进行平均。将所有频谱的功率值进行对数转换。theta（4 ～ 8 Hz）频段的 ERSP 被定义为 FC1, FCz, FC2, C1, Cz, C2, CP1, CPz 和 CP2 在 180 ～ 520 ms 的均值。alpha（8 ～ 12 Hz）频段的 ERSP 被定义为 CP5, P3, P5, P7 和 TP7 在 240 ～ 1000 ms 的均值。对频率段的定义、时间窗的选取、电极的选择是依据前人的文献和对时频图的观察来进行的 (Benedek et al., 2014; Knyazev et al., 2009)。另外，根据一个探索性的分析，不同的情绪条件间在 beta（13 ～ 30 Hz）和 gamma（> 30 Hz）频率段不存在显著差异。简洁起见，研究在下面将主要呈现 4 ～ 12 Hz 的时频结果。

研究将使用单因素被试内（内疚条件 vs. 羞耻条件 vs. 高兴条件）方差分析以探究上述脑电指标是否在内疚条件、羞耻条件和高兴条件间存在差异。在需要的地方，将使用 Greenhouse-Geisser 的校正方法进行校正。

五、结果与讨论

（一）行为结果

为检测实验对情绪状态的操控是否成功，首先分析被试在游戏过程中对情绪词的选择情况。结果表明，在内疚条件下，被试选择“内疚”来描绘自己情绪状态的频次（平均数为 32.40，标准差为 8.75，见图 5-4）要显著高于选择“羞耻”（平均数为 17.24，标准差为 8.52；$F(1,24) = 19.30, p < 0.001$, 偏 $\eta^2 = 0.446$）或放弃选择（平均数为 0.36，标准差为 0.57；$F(1,24) = 161.03, p < 0.001$, 偏 $\eta^2 = 0.870$）的频次。在羞耻条件下，被试选择“羞耻”来描绘自己情绪状态的频次（平均数为 30.24，标准差为 11.54）要显著高于选择“内疚”（平均数为 19.40，标准差为 11.33；$F(1,24) = 5.62, p = 0.026$, 偏 $\eta^2 = 0.190$）或放弃选择（平均数为 0.36，标准差为 0.76；$F(1,24) = 313.78, p < 0.001$，偏 $\eta^2 = 0.929$）的频次。在高兴条件下，

被试选择“高兴”来描绘自己情绪状态的频次（平均数为40.28，标准差为9.55）要显著高于选择“自豪”（平均数为9.28，标准差为9.44；$F(1,24) = 66.80, p < 0.001$，偏 $\eta^2 = 0.736$）或放弃选择（平均数为0.44，标准差为0.92；$F(1,24) = 418.54, p < 0.001$，偏 $\eta^2 = 0.946$）的频次。

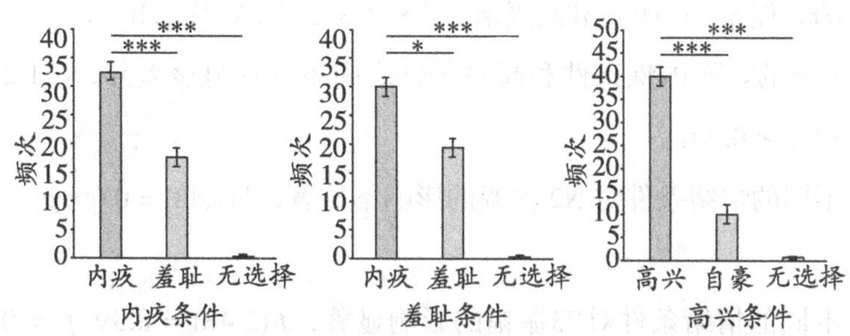

图5-4　被试关于情绪词的选择频次的平均数和标准误（***$p < 0.001$, *$p < 0.05$）

接着，分析被试在游戏结束后对各个条件的情绪评分。结果显示，在内疚条件下，内疚评分显著高于其他所有情绪评分，所有 $F > 9.54$，所有 $p < 0.005$，所有偏 $\eta^2 > 0.284$（见图5-5）。在羞耻条件下，羞耻评分显著高于其他所有情绪评分，所有 $F > 6.05$，所有 $p < 0.021$，所有偏 $\eta^2 > 0.202$。在高兴条件下，高兴评分显著高于其他所有情绪评分，所有 $F > 6.25$，所有 $p < 0.020$，所有偏 $\eta^2 > 0.207$。综合来看，实验结果表明实验成功诱发了目标情绪。

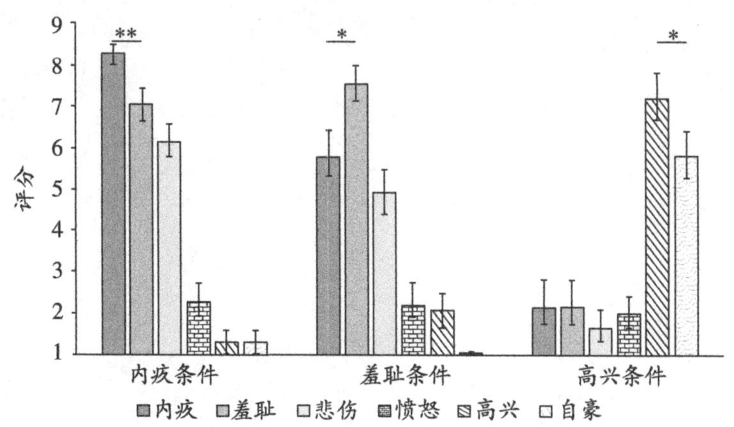

图5-5　被试情绪评分的平均数和标准误（*$p< 0.05$, **$p < 0.01$）

（二）脑电成分结果

P2：不同的情绪条件对 P2 振幅的影响显著，$F(2,48) = 6.17, p = 0.004$，偏 $\eta^2 = 0.205$（见图 5–6）。进行过 Bonferroni 校正后的配对比较显示，羞耻条件下的 P2 振幅（10.29 ± 3.16 μV）要显著大于内疚条件（8.79 ± 3.36 μV, $F(1,24) = 12.36, p = 0.006$，偏 $\eta^2 = 0.340$）和高兴条件（8.81 ± 3.38 μV, $F(1,24) = 6.53, p = 0.050$，偏 $\eta^2 = 0.214$）下的。而内疚条件和高兴条件之间不存在显著差异，$F(1,24) < 0.01$, $p > 0.999$，偏 $\eta^2 < 0.001$。

N2：不同的情绪条件对 N2 振幅的影响不显著，$F(2,48) = 0.66, p = 0.532$，偏 $\eta^2 = 0.027$。

P3：不同的情绪条件对P3振幅的影响显著，$F(2,48) = 8.99, p = 0.001$，偏 $\eta^2 = 0.272$。进行过Bonferroni校正后的配对比较显示，高兴条件下的P3振幅（11.65 ± 4.26 μV）要显著大于内疚条件（14.16 ± 5.78 μV, $F(1,24) = 11.49, p = 0.006$，偏$\eta^2 = 0.324$）和羞耻条件（13.83 ± 4.31 μV, $F(1,24) = 13.09, p = 0.003$，偏 $\eta^2 = 0.353$）下的。而内疚条件和羞耻条件之间不存在显著差异，$F(1,24) = 0.34$, $p > 0.999$，偏$\eta^2 = 0.014$。

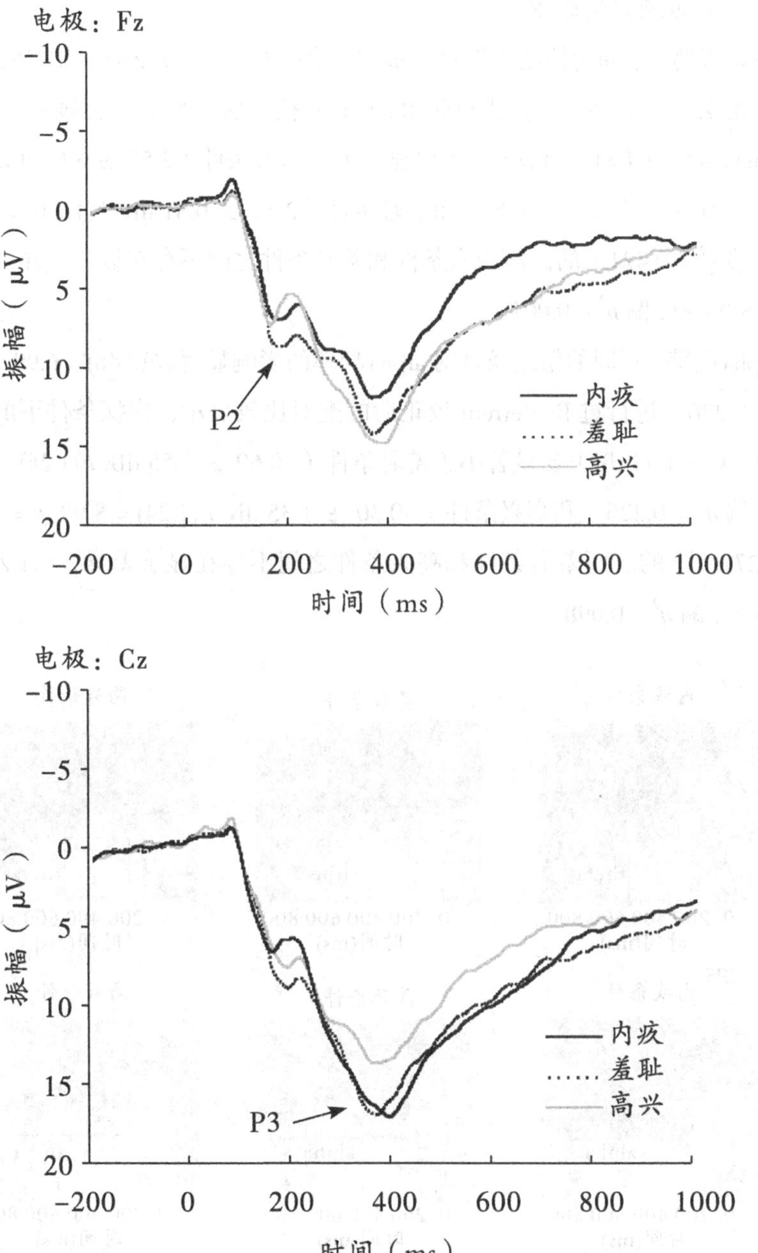

图5-6　内疚条件、羞耻条件和高兴条件下，以决策者决策正误锁时的，事件相关电位平均图(以Fz和Cz为例)。P2和P3在各种条件间比较的彩色差异地形图可见于网址：https://www.tandfonline.com/doi/full/10.1080/17470919.2017.1391119。

（三）时频分析结果

theta 震荡：不同的情绪条件对 theta 功率的影响显著，$F(2,48) = 11.58, p < 0.001$，偏 $\eta^2 = 0.325$（见图 5–7）。进行过 Bonferroni 校正后的配对比较显示，高兴条件下的 theta 功率（1.81 ± 0.79 dB）要显著大于内疚条件（2.52 ± 1.03 dB, $F(1,24) = 23.92, p < 0.001$，偏 $\eta^2 = 0.499$）和羞耻条件（2.52 ± 0.81 dB, $F(1,24) = 17.45, p < 0.001$，偏 $\eta^2 = 0.421$）的。而内疚条件和羞耻条件之间不存在显著差异，$F(1,24) < 0.01, p > 0.999$，偏 $\eta^2 < 0.001$。

alpha 震荡：不同的情绪条件对 alpha 功率的影响显著，$F(2,48) = 6.99, p = 0.005$，偏 $\eta^2 = 0.226$。进行过 Bonferroni 校正后的配对比较显示，内疚条件下的 alpha 功率（–1.14 ± 1.71 dB）要显著小于羞耻条件（–0.60 ± 1.55 dB, $F(1,24) = 7.02, p = 0.042$，偏 $\eta^2 = 0.226$）和高兴条件（–0.30 ± 1.35 dB, $F(1,24) = 8.99, p = 0.019$，偏 $\eta^2 = 0.272$）下的。而羞耻条件和高兴条件之间不存在显著差异，$F(1,24) = 2.61, p = 0.359$，偏 $\eta^2 = 0.098$。

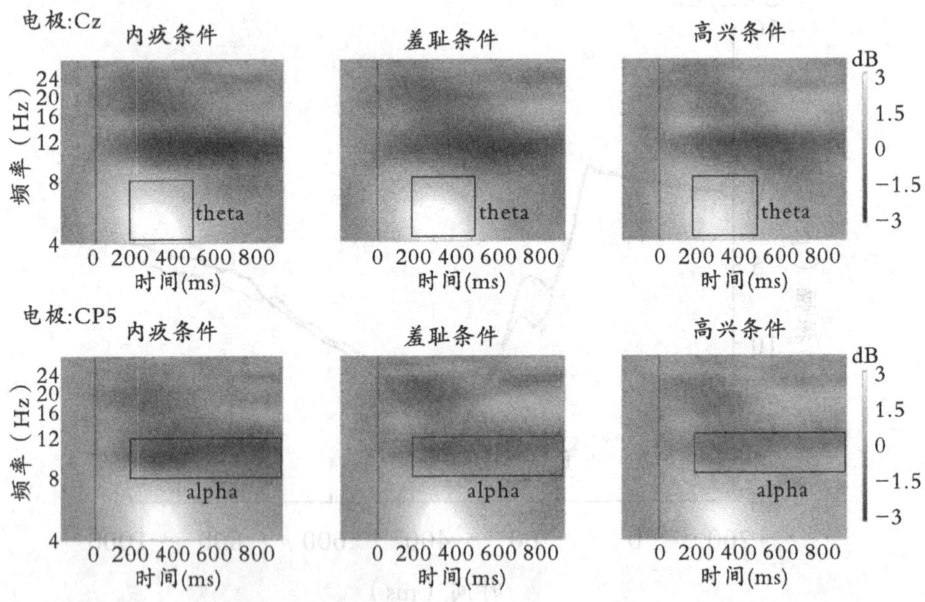

图 5–7　内疚条件、羞耻条件和高兴条件下，以决策者决策正误锁时的，事件相关频谱摄动平均图（以 Cz 和 CP5 为例）。theta 和 alpha 震荡在各种条件间比较的彩色差异地形图可见于网址：https://www.tandfonline.com/doi/full/10.1080/17470919.2017.1391119。

第四节　研究三讨论

研究三使用人际范式对内疚和羞耻的时间加工进程进行了探究。实验的行为结果表明，目标情绪（内疚、羞耻和高兴）被成功地诱发了。脑电的结果显示，相比于内疚条件和高兴条件，羞耻条件下的 P2 更大；相比于羞耻条件和高兴条件，内疚条件下的 alpha 震荡更负；相比于高兴条件，内疚条件和羞耻条件下的 P3 更大，theta 震荡更强。

根据了解，该实验是首个利用脑电技术方法对内疚和羞耻的加工进行研究的实验。利用脑电技术的高时间分辨率，研究发现内疚和羞耻的差异可以发生在加工的早期阶段（P2 成分，140 ～ 220 ms）或从非常早的时间就开始了 (alpha 震荡，从 240 ms 开始)。该研究结果与前人所发现的关于道德的信息会在大脑里非常快速地被加工是一致的 (Decety & Cacioppo, 2012; Gan et al., 2016; Gui et al., 2015; Yoder & Decety, 2014)。

研究结果显示，内疚和羞耻的差异发生在 P2 成分上。前人的研究表明，P2 与注意选择和知觉加工有关 (Hillyard & Anllo-Vento, 1998; Martin & Potts, 2004)。相比于与自我无关的信息，与自我相关的信息会诱发更强的 P2 (Chen et al., 2011; Hu, Wu, & Fu, 2011; Meixner & Rosenfeld, 2010)。这主要是因为，与自我有关的信息会吸引更多的注意 (Chen et al., 2011; Hu, Wu, & Fu, 2011; Meixner & Rosenfeld, 2010)。本实验所发现的，在羞耻条件下被试会有更强的 P2 很可能是因为，在羞耻条件下包含了更多的与自我有关的信息（即暗示被试估计点数的能力不如同伴）。该结果支持了前人的理论假设，即相比于内疚，羞耻涉及更多的自我参照加工 (Tangney & Dearing, 2003)。考虑到 P2 是一种早期成分，本实验的结果表明，个体在羞耻条件下可以快速加工对自我有负面影响的信息。

内疚和羞耻的差异也发生在 alpha 震荡上（从刺激后的 240 ms 开始）。alpha 震荡被认为与注意导向（attentional orienting）、共情 (Chen et al., 2012; Klimesch, 2012; Yang et al., 2009) 及心理理论 (Sabbagh & Flynn, 2006) 有关。将注意导向外部信息 (Benedek et al., 2011, 2014; Klimesch, 2012; Rowland et al., 1985) 和感知他人的痛苦 (Chen et al., 2012; Cheng et al., 2012; Yawei Cheng et al., 2014; Fan et al., 2014; Gutsell & Inzlicht, 2010; Yang et al., 2009) 会引发更负的 alpha 震荡。因此，本实验的发现表明，相比于处于羞耻，当个体处于内疚时，个体会更多地将注意转向他人而非自我，并对他人有更多的共情性关心。

N2 振幅在内疚条件、羞耻条件和高兴条件间都不存在显著差异。N2 与受控的注意有关 (Folstein & Van Petten, 2008)。本实验的结果表明，在三种条件下，当处于N2的加工阶段，被试对结果给予了同样多的注意。这一结果与研究假设不同。考虑到与自我有关的信息更加容易被加工，且会消耗较少的认知资源 (Campanella et al., 2002; Chen et al., 2011)，研究最开始假设羞耻条件的 N2 会小于内疚条件。对于该实验结果，一个可能的解释是，这是由实验范式的特殊性造成的。在本研究范式中，被试的目的是帮助同伴，因此，被试可能非常在意结果反馈的社会意义。早期的信息加工过后（P2阶段过后），结果反馈的高级社会意义仍然不明确。所以，在 N2 阶段，一个介于自动与受控之间的信息加工阶段，无论在哪种情绪条件下，被试都会尽全力将所有的注意投入到信息加工之中。

此外，有研究发现，相比于看到好的反馈，当个体看到不好的反馈时，N2 的振幅会更大 (Hajcak, Moser, Holroyd, & Simons, 2006; Yeung & Sanfey, 2004)。有人可能会预期在内疚条件（相比于羞耻条件）下会有更大的 N2。因为在内疚条件下决策者损失了金钱，而在羞耻条件下决策者获得了金钱。然而，通常只有在被试作为旁观者的时候，陌生人的金钱得失才会影响 N2(Yu & Zhou, 2006)。Ma 等人 (2011) 的研究表明，当被试自己或被试的朋友也参与到游戏中来时，陌生人的金钱得失将不再影响 N2。考虑到当前的实验中被试不仅在游戏中承担重要的角色，还会看到自己选择的正误，所以实验结果发现 N2 在内疚条件和羞耻条件下不存在显著差异是比较合理的。值得注意的是，这里并不是说关于同伴的决策正误的信息没有被加工，而只是表明在本研究中 N2 没能（或其敏感度不足以）反映同伴的决策正误的信息。

实验结果表明，相比于内疚条件和羞耻条件，高兴条件下的 P3 振幅更小。并且，P3 振幅在内疚条件和羞耻条件间没有显著差异。P3 成分与许多高级的认知加工有关 (Ito, Larsen, Smith, & Cacioppo, 1998; Polich, 2007, 2012)。有研究表明，P3 可以反映注意资源的分配 (Isreal et al., 1980; Wickens et al., 1983)。Ullsperger 等人 (1988) 发现 P3 的振幅与被试在任务里的努力程度有关，即越多的注意资源被分配到当前任务中，P3 就会越大。本实验结果暗示，相比于高兴条件，被试在后期会分配更多的注意资源给内疚条件和羞耻条件。可能的原因是在后两种条件下，被试可能面临被他人报复和消极评价的风险。还有研究表明 P3 振幅与情绪加工有关 (Carretié, Iglesias, Garcia, & Ballesteros, 1997; Ito et al., 1998; Kestenbaum & Nelson, 1992)。情绪刺激越负性，P3 振幅越大 (Ito et al., 1998; Olofsson et al., 2008)。据此，本研究结果表明，相比于高兴情绪，内疚和羞耻是更负性的。

实验结果还表明，相比于内疚条件和羞耻条件，高兴条件下的 theta 震荡更小。且 theta 震荡在内疚条件和羞耻条件间没有显著差异。theta 震荡与情绪加工有关 (Basar, 1998, 1999)。前人的研究表明，情绪的唤醒度与 theta 震荡呈正相关 (Knyazev, Slobodskoj-Plusnin, & Bocharov, 2009; Knyazev, Bocharov, Savostyanov, & Slobodskoy-Plusnin, 2015; Krause, Viemero, Sillanma, & Teresia, 2000)。因此，本实验结果表明内疚和羞耻相比于高兴情绪有更强的情绪唤醒度。

本研究关于 P3 成分和 theta 震荡的结果表明，内疚和羞耻在情绪效价和唤醒度上是没有显著差异的。这与前人的磁共振研究的结果相符 (Basile et al., 2011; P. Michl et al., 2014; Roth et al., 2014; Wagner et al., 2011)。然而，这些神经结果似乎与 Tangney (1993) 的行为结果不太一致。Tangney (1993) 的行为结果显示，根据被试的主观报告，相比于内疚，羞耻会给被试带来更强的心理疼痛感。对此，一个可能的原因是，心理疼痛感与物理疼痛感不同，对人们来说是一种更加抽象和不太熟悉的概念。因此，人们无法非常准确地对心理疼痛进行主观评价。当涉及复杂的情绪状态时，或许神经指标能提供更客观的证据 (Otten & Jonas, 2014)。

本研究存在一些局限。首先，在每个试次中仅有两个情绪词供被试选择。这似乎是一个迫选题，即强迫被试选择一种情绪，即使他们没有相关的体验。然而，研究中被试被清楚地告知，如果他们没有相关的情绪体验，他们可以选择不做出任何选择。所以，实际上被试并没有被强迫选择。此外，在游戏结束后，被试可以针对不同的条件对各种情绪（悲伤、羞耻、高兴、内疚、愤怒、自豪）进行评分。而情绪词选择和情绪评分的结果都表明，研究成功地诱发了目标情绪。其次，在内疚条件和羞耻条件中，被试并不是只体会到内疚或羞耻。即使在内疚条件下，被试依然会报告其存在一定的羞耻感受。反之亦然。并且，在内疚条件和羞耻条件下，内疚评分和羞耻评分的绝对差值并不是很大。本研究已经尽最大的努力以尝试最好的对内疚和羞耻进行诱发（见方法和结果部分），然而内疚和羞耻是自然的共存的 (Tangney & Dearing, 2003)。前人的研究也发现，在内疚条件下被试会报告一定的羞耻，而在羞耻条件下被试也会报告一定的内疚 (Michl et al., 2014; Takahashi et al., 2004; Wagner et al., 2011)。内疚条件和羞耻条件下内疚评分和羞耻评分比较相近，可能导致本研究所报告的神经结果比较保守，即较难得到显著的结果。

研究三成功地开发出了可以在人际互动环境中诱发内疚和羞耻的实验范式。利用脑电技术，研究表明内疚和羞耻的加工差异可以发生在早期阶段。关于 P2 成分和 alpha 震荡的结果，一定程度上支持了前人关于内疚（相比于羞耻）涉及更多对他人的共情关心，而羞耻（相比于内疚）涉及更多的负性自我评价的假设。这一结果为内疚和羞耻的关注点理论提供了新的支持证据。虽然，脑电技术具有很高的时间分辨率，在研究认知和情绪加工的时间进程方面存在优势，但其空间分辨率非常有限，即难以用脑电技术确定特定心理过程具体是由哪些脑区负责。为克服这一局限，下面的研究四将利用磁共振成像技术探究内疚和羞耻基于空间位置的神经机制。

第六章

研究四：人际互动中内疚与羞耻基于空间位置的神经机制

第一节　研究背景与研究目的

研究四主要探讨人际互动中内疚与羞耻基于空间位置的神经机制，实验 11 检测了内疚和羞耻的神经差异是否会发生在与心理理论和自我参照加工相关的脑区上。

虽然内疚和羞耻在理论上存在差异，然而前人在利用磁共振成像技术探究内疚和羞耻的在神经机制上的差异时，发现的结果却并不一致，甚至完全相反（见前文文献综述部分，etra Michl et al., 2014; Pulcu et al., 2014; Takahashi et al., 2004; Wagner et al., 2011)。已有的四个研究中，三个使用想象范式对内疚和羞耻进行诱发 (Michl et al., 2014; Pulcu et al., 2014; Takahashi et al., 2004)，剩下的一个利用回忆范式对内疚和羞耻进行诱发 (Wagner et al., 2011)。这些研究间不一致的发现可能是研究所使用的实验范式（想象范式和回忆范式）的缺陷和分析方法的局限造成的。就实验范式而言，想象和回忆并不是产生内疚和羞耻所必需的心理过程 (Bastin et al., 2016b; Yu et al., 2014)。想象和回忆可能会导致与想象和回忆加工相关的脑区激活。在实验结果中，这些脑区会与内疚和羞耻相关的脑区混杂在一起。其次，人们在脑海里生动地想象或再现内疚和羞耻事件的能力存在个体差异，这也会成为一个混淆变量。再者，通过想象和回忆诱发出来的内疚和羞耻，未必能反映内疚和羞耻本质的心理过程 (Bastin et al., 2016)。例如，有研究者直接对比较了利用想象和回忆范式诱发出来的内疚所激活的脑区 (Mclatchie et al., 2016)。根据激活的结果，他们认为，想象范式可能诱发的是被试一些预期的认知想法，而不太能诱发相关的情绪体验 (Mclatchie et al., 2016)。就分析方法而言，前人的研究仅仅使用了传统的单变量激活分析去探究与内疚和羞耻相关的神经机制。然而，单变量激活分析不如一些新的分析方法（如：多变量模式分析 (multivariate pattern analysis (MVPA))) 敏感，可能无法检测到内疚和羞耻在神经反应方面的细微差异 (Norman, Polyn, Detre, & Haxby, 2006; Pereira, Mitchell, & Botvinick, 2009)。

针对上面提到的局限，研究四将尝试在两方面对前人的研究进行拓展。首先，研究会使用实验 9 所开发的人际互动范式，在人际互动的环境下诱发内疚和羞耻。该范式可以让被试在人际互动中直接、即刻产生和感受内疚和羞耻。即该范式可以排除一些无关的心理过程（如想象和回忆）。实际上，日常生活中人们通常也是在人际互动中，而非想象和回忆中，体验内疚和羞耻的 (Yu et al., 2014)。结合磁共振成像技术，研究将探究人际性内疚和羞耻的神经机制。其次，研究不仅会使用传统的单变量激活分析（保留该分析使得本研究的结果可以直接与前人的研究进行比较），还会首次使用多变量模式分析去探究内疚和羞耻的神经机制差异。多变量模式分析会提取和分析存在于多个体素中的模式信号，因而相比于传统的单变量激活分析具有更高的敏感性 (Norman et al., 2006)。前人的研究表明，如果利用传统的单变量激活分析，不同的基本情绪（basic emotion，如：愤怒、恐惧、悲伤、厌恶等）会激活相似脑区 (Lindquist & Barrett, 2012; Phan, Wager, Taylor, & Liberzon, 2002; Vytal & Hamann, 2010)，并且相应的元分析技术也无法识别不同基本情绪的特异性脑区 (Lindquist & Barrett, 2012; Saarimäki et al., 2016)。相比之下，利用多变量模式激活分析的研究已经成功地实现了对不同基本情绪的信号的解码，识别出了不同基本情绪所对应的特异性脑区 (Baucom, Wedell, Wang, Blitzer, & Shinkareva, 2012; Saarimäki et al., 2016)。这表明，至少有部分的情绪信号是以多体素（而非单体素）的形式在大脑中被表征的。因此，研究四除了利用传统的单变量激活分析，还会利用多变量模式分析去探索内疚和羞耻的神经机制（附录中提供了一个便于在概念上理解单变量激活分析和多变量模式分析的差异的例子）。

根据关注点理论和已有的一些实验结果 (Lewis, 1971; Tangney & Dearing, 2003)，相比于羞耻，内疚可能会涉及更多的心理理论加工；而相比于内疚，羞耻可能会涉及更多的自我参照加工。研究四将检测内疚和羞耻的神经差异是否会发生在与心理理论和自我参照加工相关的脑区上。

第二节　实验11：人际互动中，内疚与羞耻基于空间位置的神经机制

一、被试

被试的招募主要通过在学校网络论坛发布广告的形式进行。33名右利手的成年大学生自愿参与了该实验。根据被试的自我报告，所有被试身体健康，无精神疾病或精神疾病史。有3名被试因为头动过大（> 3 mm）或怀疑实验反馈的真实性而被排除。最终的数据分析中，剩余30名被试，其中女性17名，男性13名，平均年龄为21.57岁，标准差为2.34年。两名大学生（一男一女）被招募为演员，在实验中扮演被试的同伴。演员与参与实验的被试之前并不认识。

二、实验设计和流程

该实验为单变量（情绪状态：内疚 vs. 羞耻 vs. 高兴（非道德情绪））被试内设计。

实验11与实验10的整体规则和流程基本一样，只是在实验10的基础上进行了微调以使其适用于磁共振实验。具体调整如下：（1）被试以决策者身份参与30个试次的建议–决策游戏。该部分在磁共振机器外完成。之后，被试以建议者身份参与96个试次的建议–决策游戏。其中内疚条件、羞耻条件、高兴条件各为30个试次，不确定条件为6个试次。该部分在磁共振机器内完成。（2）决策者每做出一次正确决策获得1元作为奖励，每做出一次错误决策被扣除1元作为惩罚。（3）建议者看到点数图片的时间变为2秒，决策者看到点数图片的时间变为1秒。（4）建议者固定一共获得90元作为补偿。（5）刺激间的间隔时间有所改变（见图6–1）。

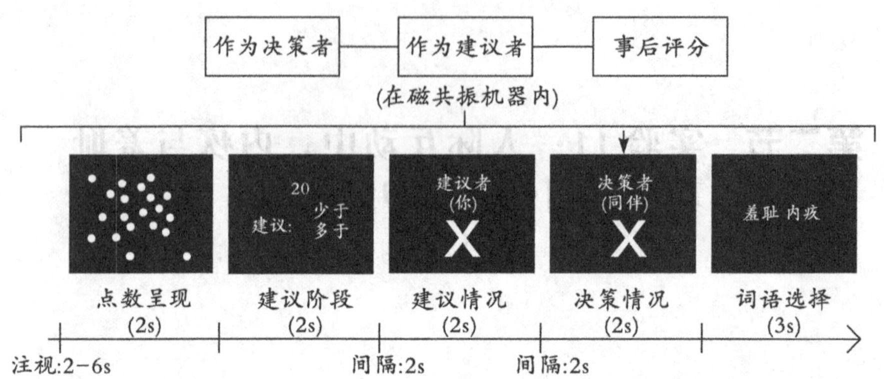

图 6-1　被试作为建议者时的事件流程图。研究将分析被试看到决策情况时的神经反应（时间窗为 2s），即箭头所指的那一屏。

三、图像获取

使用 12 导线圈的 3T 磁共振扫描仪进行扫描。使用 T2 权重的功能像成像序列（gradient-echo-planar imaging sequence, EPI 序列）进行功能像获取。具体参数为: 层数 = 33，TR = 2000 ms， TE = 30 ms， 翻转角 = 90 度，层厚 = 3.5 mm，层间距 = 0.7 mm，FOV = 224 mm × 224 mm。使用磁化预备的快速获取序列（magnetization prepared rapid acquisition with gradient-echo sequence, MPRAGE 序列）以获取高清的全脑结构像。具体参数为: 层数 = 144，TR = 2539 ms，TE = 3.39 ms，翻转角 = 7 度，层厚 = 1.33 mm，层间距 = 0.7 mm，FOV = 256 mm × 256 mm。

四、数据分析

（一）预处理

研究将针对被试作为建议者时的行为数据和磁共振数据进行分析。对于磁共振的数据分析，研究使用基于 Matlab（The MathWorks, Inc）软件的 SPM 程序包(http://www.fil.ion.ucl.ac.uk/spm)。磁共振数据的预处理步骤包括：获取时间校正、移动校正、标准化到 Montreal Neurological Institute（MNI）空间（新的 voxel 大小变为 3 × 3 × 3 mm^3）、以 6 mm 为宽度进行空间平滑和以 1/128 Hz 为界限进行高通滤波以移除低频漂移。

（二）单变量激活分析

在个体水平上，研究将点数呈现、建议阶段、建议情况、决策情况、词语选择以及被试没有做出反应的试次（没有及时给出建议）都分别放入一般线性模型（general linear model, GLM）。决策情况进一步被分为四个回归因子，对应四种不同的条件（内疚条件、羞耻条件、高兴条件、不确定条件）。只有内疚条件、羞耻条件和高兴条件会被分析。六个头动参数被定义为想要被排除影响的回归因子（nuisance regressors）。除了头动参数，其他回归因子均会与标准的血液动力学反应函数进行卷积。研究会定义下列对比（contrast），包括：内疚 > 高兴，羞耻 > 高兴，内疚 > 羞耻，羞耻 > 内疚。为了解内疚和羞耻共同激活的脑区，研究还进行了结合分析（conjunction analysis）: 内疚 > 高兴 ∩ 羞耻 > 高兴。在群体水平上，研究将使用来自个体水平的对比图像进行统计分析。统计阈限（statistical threshold）被设定为：在体素水平上（voxel level）未校正 $p < 0.001$, 以及在团块水平上（cluster level）FWE (family-wise error) 校正 $p < 0.05$ (Woo, Krishnan, & Wager, 2014)。

（三）多变量模式分析

利用多变量模式分析，研究希望了解哪些体素内包含了可以区分内疚条件和羞耻条件的神经信号。多变量模式分析会直接运用于还没有被标准化和空间平滑的数据。首先，为每个被试建立一个一般线性模型。除了每一个试次都会被独立地放入模型这一操作外，该模型与单变量激活分析的模型一样（这里，研究只关心对内疚条件和羞耻条件的区分）。一般线性模型的参数估计由 Decoding Toolbox (https://sites.google.com/site/tdtdecodingtoolbox/) 里的支持向量机器 (support vector machine, SVM) 分类器完成 (Hebart, Görgen, Haynes, & Dubois, 2015)。探照灯解码分析（searchlight decoding analysis）可以由 SVM 或其他的机器学习算法完成（如：linear discriminant analysis，LDA）。然而，与其他机器学习的算法相比，SVM 有许多的优势，如可以更加流畅和自然地在高维度空间里处理有限数据，并且更少地受到远离决策边界的数据点的干扰 (Cui & Gong, 2018; Ledoit & Wolf, 2003; Mur, Bandettini, & Kriegeskorte, 2009)。考虑到最近许多的研究都证明了 SVM

算法的可靠性 (Feng et al., 2016; Yu, Cai, Shen, Gao, & Zhou, 2017)，本研究将选用SVM进行数据分析。研究以四个体素为球形半径，进行全脑的探照灯解码分析。利用每个小球里体素的数据对SVM分离器进行训练，并随后用遗留一轮的交叉验证方法（leave-one-run-out cross validation method）进行检验。每个小球分类的准确率会被赋值到小球中心点的体素位置上，从而最终产生一个三维的大脑分类准确率分布图。接着，每个被试的大脑图会被标准化到Montreal Neurological Institute（MNI）空间（新的voxel大小变为3 × 3 × 3 mm^3）、以6 mm为宽度进行空间平滑，为群体水平的分析做好准备。为了能做出最终的统计推断，所有被试的数据会被进行第二层次的（second-level）基于置换检验的分析。该分析使用Statistical NonParametric Mapping toolbox (SnPM, http://warwick.ac.uk/snpm) 完成，置换次数设置为5000。显著的体素需要在5%的水平上经过体素水平的FWE校正 (Nichols & Holmes, 2002)。研究将报告大于10个体素的团块的结果。另外，研究将报告的团块作为目标区域（mask），提取目标区域内每个体素的分类准确率，并为每个团块计算分类准确率的均值。请注意，这里每个团块的平均分类准确率表示，当训练好的模型利用团块内一个以半径为四个体素的小球的信息时，可以准确分辨内疚和羞耻条件的平均概率。

五、结果与讨论

（一）行为结果

为检测实验对情绪状态的操控是否成功，首先分析被试在游戏过程中对情绪词的选择情况。结果表明，在内疚条件下，被试选择“内疚”来描绘自己情绪状态的频次（平均数为21.87，标准差为5.92，见图6-2）要显著高于选择“羞耻”（平均数为7.77，标准差为5.93；$F(1,29) = 42.55, p < 0.001$, 偏 $\eta^2 = 0.60$）或放弃选择（平均数为0.07，标准差为0.25；$F(1,29) = 391.98, p < 0.001$, 偏 $\eta^2 = 0.93$）的频次。在羞耻条件下，被试选择“羞耻”来描绘自己情绪状态的频次（平均数为18.63，标准差为7.31）要显著高于选择“内疚”（平均数为11.17，标准差为7.28；$F(1,29) = 7.86, p = 0.009$, 偏 $\eta^2 = 0.21$）或放弃选择（平均数为0.03，标准差为0.18；$F(1,29) = 193.04, p < 0.001$, 偏 $\eta^2 = 0.87$）的频次。在高兴条件下，被试选择“高兴”

来描绘自己情绪状态的频次（平均数为23.63，标准差为6.20）要显著高于选择“自豪”（平均数为6.20，标准差为6.27；$F(1,29) = 58.71, p < 0.001$, 偏 $\eta^2 = 0.69$）或放弃选择（平均数为0.03，标准差为0.18；$F(1,29) = 437.64, p < 0.001$, 偏 $\eta^2 = 0.94$）的频次。

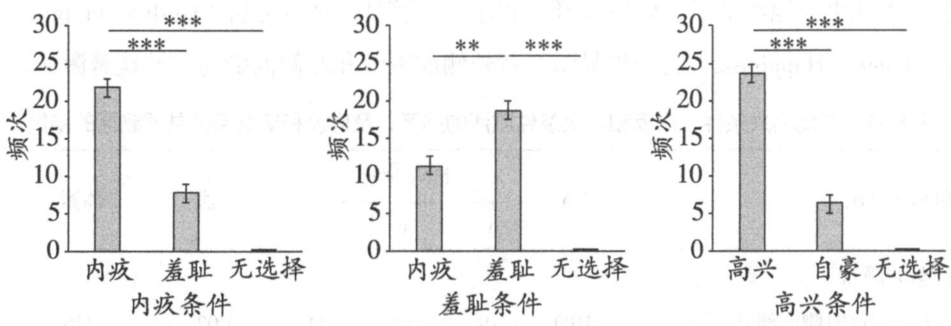

图6-2 被试关于情绪词的选择频次的平均数和标准误（***p < 0.001, **p < 0.01）

接着，分析被试在游戏结束后对各个条件的情绪评分。结果显示，对于内疚条件，内疚评分显著高于其他所有情绪评分，所有 $F > 27.98$, 所有 $p < 0.001$, 所有偏 $\eta^2 > 0.49$（见图6-3）。对于羞耻条件，羞耻评分显著高于其他所有情绪评分，所有 $F > 9.75$, 所有 $p < 0.004$, 所有偏 $\eta^2 > 0.25$。对于高兴条件，高兴评分显著高于其他所有情绪评分，所有 $F > 21.12$, 所有 $p < 0.001$, 所有偏 $\eta^2 > 0.42$。综合来看，实验结果表明研究新开发的人际范式成功诱发了目标情绪。

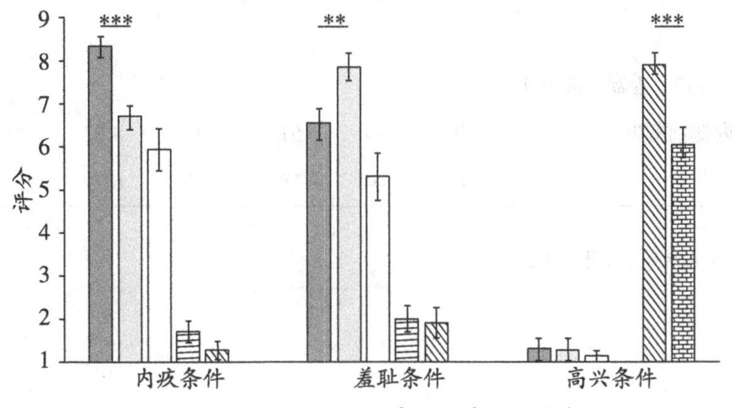

图6-3 被试情绪评分的平均数和标准误（***p < 0.001, **p < 0.01）

（二）单变量激活分析结果

相比于高兴条件，内疚条件更强地激活了背外侧前额叶（dorsomedial prefrontal cortex, dmPFC），双侧前脑岛（anterior insula, AI），右侧颞中回（middle temporal gyrus, MTG）和小脑（cerebellum）（见表6-1和图6-4）。相比于高兴条件，羞耻条件更强地激活了背外侧前额叶和左侧前脑岛。结合分析（Guilt > Happiness ∩ Shame > Happiness）的结果显示，背外侧前额叶和左侧前脑岛均被显著激活。

表6-1　对比高兴条件，内疚和羞耻条件激活的脑区，及内疚和羞耻条件共同激活的脑区

脑区 / 对比	BA	MNI 坐标			*T* 值	体素
		x	*y*	*z*		
内疚 > 高兴						
左/右 背内侧前额叶	10/9	–9	51	21	7.02	746
左 前脑岛	47	–30	18	–12	9.06	375
右 前脑岛	47	30	18	–12	6.16	174
右 颞中回	21	54	–27	–9	5.74	90
左/右 小脑		3	–51	–33	6.02	75
羞耻 > 高兴						
左/右 背内侧前额叶	9	–9	51	18	5.33	148
左 前脑岛	47	–30	18	–12	6.00	140
(内疚 > 高兴) ∩ (羞耻 > 高兴)						
左/右 背内侧前额叶	9	–9	51	21	4.83	131
左 前脑岛	47	–30	18	–12	6.29	152

注：BA 表示布鲁德曼分区。

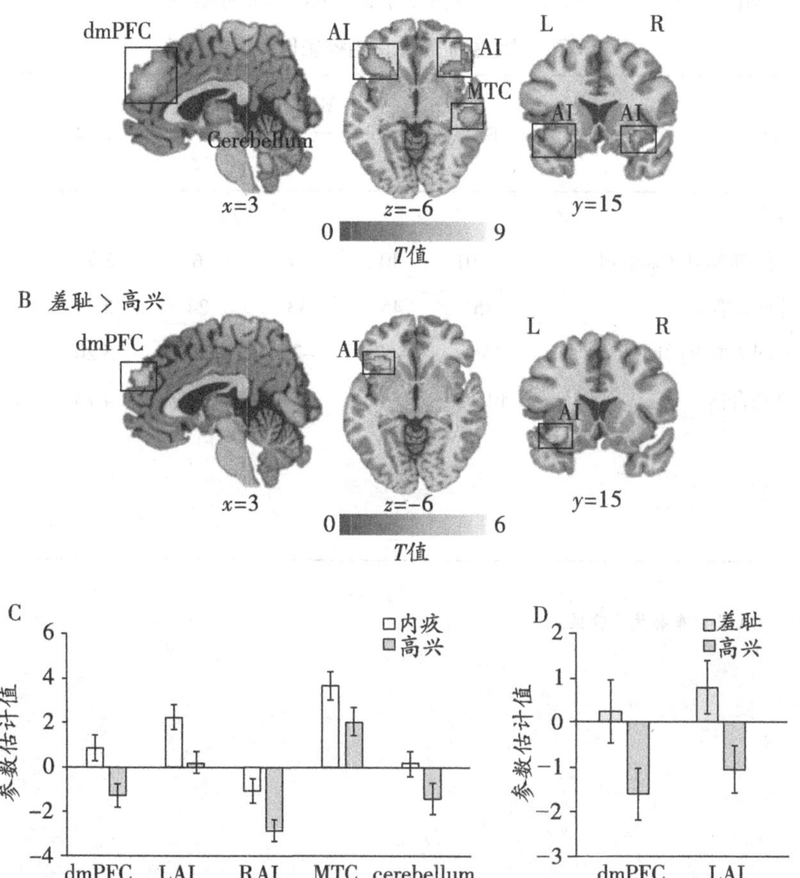

图 6–4　对比高兴条件，内疚和羞耻条件所激活的脑区。A) 内疚 > 高兴激活的区域有背外侧前额叶（dmPFC）、双侧前脑岛（AI）、右侧颞中回（MTG）和小脑（cerebellum）。B) 羞耻 > 高兴激活的区域有背外侧前额叶（dmPFC）和左侧前脑岛（AI）。L 表示大脑左侧，R 表示大脑右侧。彩色脑激活图可见于：https://www.sciencedirect.com/science/article/pii/S1053811918320822?via%3Dihub。

与预期一致，相比于羞耻条件，内疚条件显著激活了与心理理论有关的脑区，包括左侧缘上回（supramarginal gyrus）和右侧颞顶联合区（temporal parietal junction）(见表 6–2 和图 6–5)。此外，内疚条件还显著激活了与认知控制相关的脑区，包括右侧腹外侧前额叶 / 眶额叶（ventral lateral prefrontal cortex/orbitofrontal cortex）和右侧背外侧前额叶（dorsal lateral prefrontal cortex）。在预设的统计阈限标准下，相比于内疚条件，羞耻条件没有显著激活任何脑区。

表 6-2 对比羞耻条件，内疚条件激活的脑区

脑区 / 对比	BA	MNI 坐标			*T* 值	体素
		x	*y*	*z*		
内疚 > 羞耻						
右 腹外侧前额叶 / 眶额叶	11/10	30	54	6	5.71	349
右 背外侧前额叶	45	45	33	24	5.44	84
左 缘上回 / 中央后回	40/2	–57	–21	30	5.20	109
右 颞顶联合区	40/39	54	–51	33	4.73	72
羞耻 > 内疚						
无	–	–	–	–	–	–

注：BA 表示布鲁德曼分区。

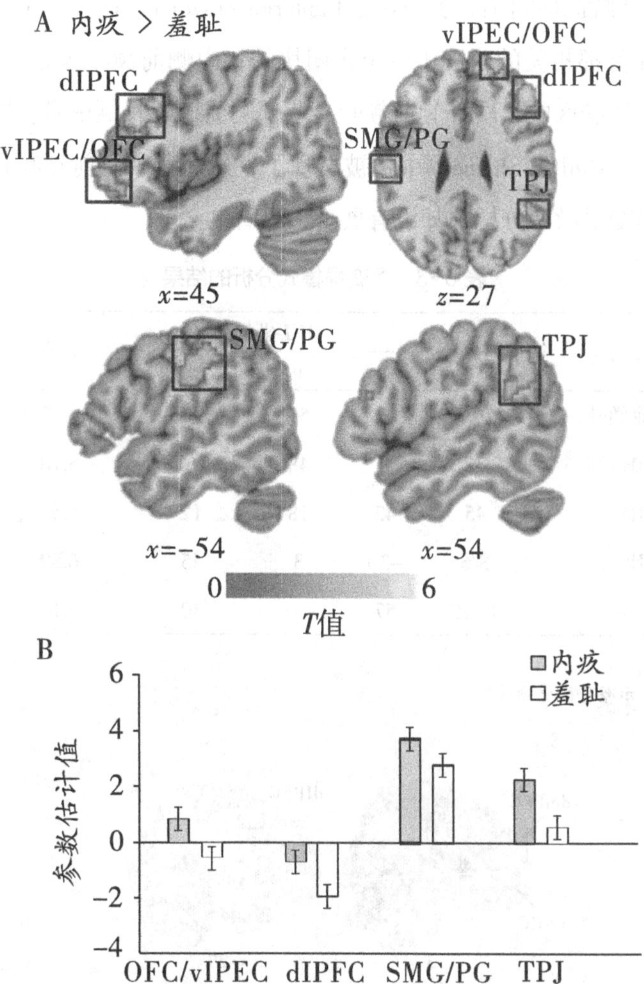

图 6-5　相比于羞耻条件，内疚条件激活的脑区，包括左侧缘上回 / 中央后回（SMG/PG）、右侧颞顶联合区（TPJ）、右侧背外侧前额叶（dlPFC）、右侧腹外侧前额叶 / 眶额叶（vlPFC/OFC）。彩色脑激活图可见于：https://www.sciencedirect.com/science/article/pii/S1053811918320822?via%3Dihub。

（三）多变量模式分析结果

多变量模式分析表明，以下脑区包含了可以区分内疚条件和羞耻条件的多变量表征信息：与心理理论有关的脑区（右侧颞顶联合区）、与认知控制有关的脑区（右侧腹外侧前额叶和左侧背外侧前额叶）、与自我参照加工有关的脑区（一个大团块的腹侧前扣带回部分，ventral anterior cingulate cortex, vACC）、与心理理论和自我评价都相关的脑区（一个大团块的背内侧前额叶部分）(见表 6-3 和图 6-6)。在上述脑区中，腹外侧前额叶、背外侧前额叶、颞顶联合区在单变量激活分析的对比（Guilt > Shame）中也被发现了，然而背内侧前额叶和腹侧前扣带回在之前的单变量激活分析中却没有展现出显著的激活。

表 6-3　多变量模式分析的结果

脑区	BA	MNI 坐标			T值	体素
		x	y	z		
左 / 右 背内侧前额叶	10/9	3	51	21	6.87	517
左 / 右 腹侧前扣带回	32	0	48	6	5.18	
左 腹外侧前额叶	45	42	18	12	5.56	11
左 背外侧前额叶	8/6	–30	3	45	6.59	76
右 颞顶联合区	40/39	57	–51	30	5.14	18

注：BA 表示布鲁德曼分区。

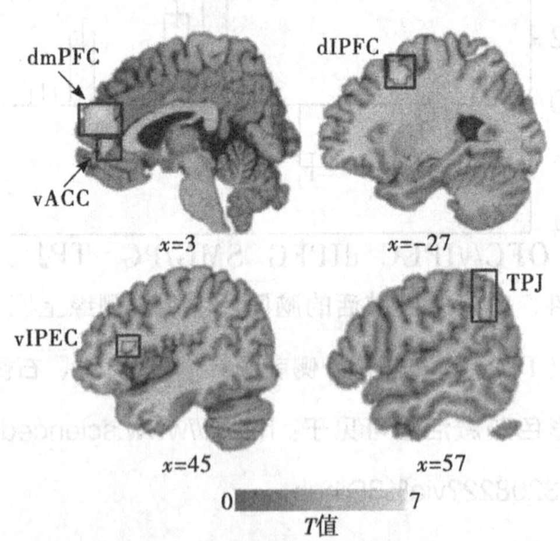

图 6-6　多变量模式分析的结果。在对内疚条件和羞耻条件进行区分时，背内侧前额叶 / 腹侧前扣带回（dmPFC/vACC）、左侧背外侧前额叶（dlPFC）、右侧腹外侧前额叶（vlPFC）和右侧颞顶联合区（TPJ）展现出显著高于随机水平（50%）的分类正确率。彩色脑图可见于：https://www.sciencedirect.com/science/article/pii/S1053811918320822?via%3Dihub。

第三节　研究四讨论

研究四主要探究在人际背景下内疚和羞耻的神经机制。行为数据表明，实验成功地在特定条件下诱发了目标情绪。磁共振数据方面，与前人的研究结果一致 (Michl et al., 2014; Roth et al., 2014; Seara–Cardoso et al., 2016; Takahashi et al., 2004; Wagner et al., 2011)，本研究发现内疚和羞耻都会激活背内侧前额叶和前脑岛。背内侧前额叶是进行心理理论和自我参照加工的核心脑区 (见综述 Northoff et al., 2006)。它负责将关于他人的信息（如：他人的想法和情绪）与自我的状态整合在一起 (D'Argembeau et al., 2007; Rebecca Saxe, Moran, Scholz, & Gabrieli, 2006)。在内疚和羞耻状态下，背内侧前额叶的工作可能使得违规者可以理解受害者的痛苦及其对自己的负性态度，并让违规者产生自责。前脑岛是警觉网络的中的重要节点，在探测凸显事件（salient event）时起到重要作用 (见综述，Uddin, 2015)。它会参与各种负性情绪的产生，如：悲伤和厌恶 (Craig, 2009)。此外，在个体感受到生理疼痛（如：接受电击）和心理疼痛（如：观看他人受难或被他人排挤）时，前脑岛也会被激活 (Gunther Moor et al., 2012; Singer et al., 2004)。此外，相比于个体做出不道德行为时，当个体做出道德行为时前脑的活动更强烈，并且直接与预期的内疚感相关 (Chang, Smith, Dufwenberg, & Sanfey, 2011; Ty, Mitchell, & Finger, 2017)。上述发现表明，前脑岛的激活可能是因为它在参与探测凸显的社会事件（salient social event）。总的来说，在内疚和羞耻状态下，背内侧前额叶和前脑岛可能分别在认知加工和情绪加工方面起重要作用。

据前人的理论假设，相比于羞耻，内疚涉及更多他人导向的共情 (Tangney et al., 2007; Tangney & Dearing, 2003)。内疚而非羞耻会促进关系修复行为的现象，进一步表明处于内疚状态的违规者会去理解受害人的不满和潜在的报复情绪（违规者的心理理论加工）(de Hooge et al., 2007)。最近还有研究表明内疚会受到受害者的人际利益（即受害者在未来可能给违规者带来多少伤害或利益）的调节。这也间接暗示处于内疚的违规者会追踪受害人的状态 (Nelissen, 2014; Ohtsubo & Yagi, 2015)。本研究发现，相比于羞耻，内疚会激活颞顶联合区和缘上回 (有些研究者会将缘上回视为颞顶联合区的一部分 (Gifuni et al., 2017) 这些属于心理理论网络的脑区。这一发现呼应了近期的研究发现，也支持了前人的理论假设。不过，值得注意的是，颞顶联合区是一个相对较大且定义比较模糊的区域。后部的颞顶联合区被认为与心理理论有关 (Aichhorn, Perner, Kronbichler, Staffen, & Ladurner, 2006; Saxe & Kanwisher, 2003; Schurz et al., 2014)，而前部的颞顶联合区被认为与注意偏向有关 (Decety & Lamm, 2007; Lindquist & Barrett, 2012)。由于本研究没有让被试进行专门的心理理论任务以确定每个被试进行心理理论的具体脑区位置，所以可能无法用直接的证据确定发现的颞顶联合区是负责心理理论还是负责注意偏向的。不过，根据最近的一个关于心理理论的元分析所报告的坐标（其报告的与心理理论有关的右侧颞顶联合区的激活最强点的坐标 [56, –55, 27] 处于本研究所发现的右侧颞顶联合区的团块内，见图 6–7），本研究所发现的颞顶联合区的激活很可能与心理理论有关 (Schurz et al., 2014) 。因此，本研究的结果表明，相比于处于羞耻状态，当违规者处于内疚状态时，会有更多的心理理论加工。

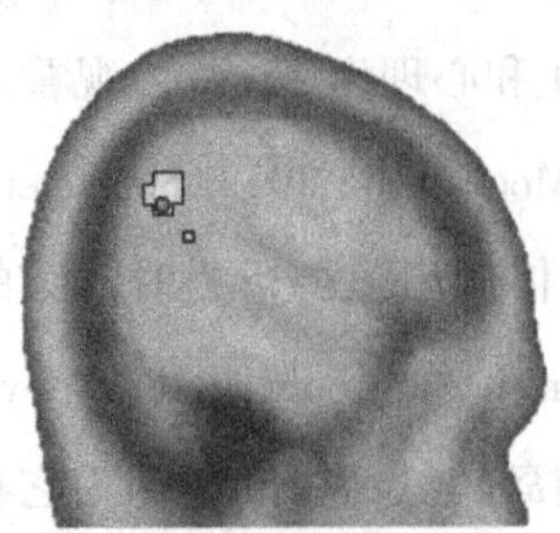

x=57

图 6–7　研究四在单因素激活分析中发现的颞顶联合区团块与元分析所报告的与心理理论相关的颞顶联合区的激活最强点的坐标存在重合。图中圆点为元分析所报告的与心理理论相关的颞顶联合区的激活最强点，黑框标注的区域为研究四发现的被激活的右侧颞顶联合区团块。

相比于羞耻，内疚还激活了与认知控制有关的脑区，包括眶额叶 / 腹外侧前额叶和背外侧前额叶。该发现与之前使用回忆范式的研究发现一致，即之前的研究也发现相比于羞耻，内疚会激活眶额叶和背外侧前额叶 (Wagner et al., 2011)。腹外侧前额叶和背外侧前额叶与控制冲动行为和优化社会决策紧密相关 (Feng, Luo, & Krueger, 2015; Koechlin, 2003)。例如，对脑刺激的研究发现，使用经颅电刺激或经颅磁刺激，干扰腹外侧前额叶或背外侧前额叶的活动，会降低个体抑制自己自私或攻击冲动的能力，从而导致个体更可能被惩罚或排挤 (Knoch, Pascual-Leone, Meyer, Treyer, & Fehr, 2006; Knoch, Schneider, Schunk, Hohmann, & Fehr, 2009; Riva, Romero Lauro, DeWall, Chester, & Bushman, 2014; Strang et al., 2015)。因此，在内疚状态下，眶额叶 / 腹外侧前额叶和背外侧前额叶可能负责抑制违规者的自私冲动，使其在未来愿意承担代价以做出补偿。行为学的研究也确实发现，相比于羞耻，内疚更可能促使个体做出有代价的关系修复行为 (Brown, González, Zagefka, Manzi, & Cehajic, 2008; Ghorbani, Liao, Çayköylü, & Chand, 2013)。

前人同时也在理论上假设，相比于内疚，羞耻涉及更多的自我否定 (Tangney et al., 2007; Tangney & Dearing, 2003)。然而，本研究发现，相比于内疚，羞耻并没有显著激活任何脑区。本研究的结果与前人的一些发现一致，即相比于内疚，羞耻并没有激活与自我有关的脑区 (Pulcu et al., 2014; Wagner et al., 2011)。事实上，只有一个研究报告称，相比于内疚，羞耻激活了与自我参照加工有关的脑区（如：前扣带回合内侧前额叶）(Michl et al., 2014)。已有的研究似乎表明，依赖传统的单变量激活分析（针对单体素的神经信号），很难辨别内疚和羞耻是否在自我参照加工方面存在差异。事实上，大脑的活动是通过多个神经元之间的交流来完成的 (Bray, Chang, & Hoeft, 2009)。已有研究表明，认知任务不太可能是仅仅依靠每个独立的体素的内部交流而完成的 (Bray et al., 2009; Fox et al., 2005)。体素之间的神经信号交流也非常重要，特别是对于复杂的认知任务来说。因此，被设计用于分析在空间上（较为）广泛分布的（跨体素的）神经活动的分析方法（如：多变量模式分析）可能可以更好地对神经信号进行解码 (Bray et al., 2009)。

不同于关注单个变量的单因素激活分析，多变量模式分析可以提取和分析在空间上广泛分布的存在于多个体素里的信息 (Norman et al., 2006)。本研究中，在对内疚和羞耻进行对比时，多变量模式分析发现了一些和单因素激活分析相似的脑区，包括与心理理论有关的颞顶联合区，以及与认知控制有关的腹外侧前额叶和背外侧前额叶。重要的是，多变量模式分析还发现，在一些单因素激活分析中没有被显著激活的脑区中（背内侧前额叶和腹侧前扣带回），也含有可以对内疚和羞耻进行区分的信息。多变量模式分析之所以可以得到独特于单因素激活分析的结果，可能是因为，在内疚和羞耻两种状态下，背内侧前额叶和腹侧前扣带回内虽然每个体素的信号差异较小，但多个体素的激活存在模式上的差异。关于心理理论和自我加工的信息都会在背内侧前额叶处进行整合 (D'Argembeau et al., 2007; Rebecca Saxe et al., 2006)，因此多变量模式分析所发现的背内侧前额叶的结果可能说明在内疚和羞耻状态下时，违规者可能会对心理理论加工和自我参照加工赋予不同的权重。腹侧前扣带回是进行自我参照加工的核心脑区之一(见综述 , Northoff et al., 2006)。不同于其他与自我参照加工有关的脑区的功能（如：背侧前扣带回负责对自我有关的刺激进行重评；后扣带回和楔前叶负责将与自我有关的刺激与自传体记忆进行联系），腹侧前扣带回负责将当前的外部刺激与自我进行连接，并将自己的注意力转向自己的内部心理状态 (Northoff et al., 2006)。Yoshimura 等人 (2009) 发现加工负性的自我相关的刺激会激活腹侧前扣带回。对自我存在强烈的负性评价偏向的抑郁症患者，在进行自我参照加工时，会有更强的腹侧前扣带回激活。虽然，根据已有的理论和研究范式的特点，本研究认为多变量模式分析所发现的腹侧前扣带回的结果与自我参照加工有关，但是，研究无法直接排除所发现的腹侧前扣带回的结果反映的是其他的功能，如：自我管理（self-regulation）(Allman, Hakeem, Erwin, Nimchinsky, & Hof, 2001; Fourie et al., 2014)。谨慎起见，本研究认为，多变量模式分析的结果为羞耻存在与内疚不同的自我参照加工这一观点提供了初步的证据。

一个有趣的问题是，为什么背内侧前额叶和腹侧前扣带回中与内疚和羞耻有关的信息会以多体素模式进行表征，而并非以单体素的形式。背内侧前额叶和腹侧前扣带回都与自我参照加工有关 (Northoff et al., 2006)。自我参照加工是一种复杂的高级认知加工，同时涉及与自我有关的和与他人有关的信息 (Northoff et al., 2006; Schmitz, Kawahara-Baccus, & Johnson, 2004)。本研究假设，以多体素模式的形式进行表征可能可以更高效地完成不同信息间的整合。该假设仍需未来研究的检验。

据了解，本研究是首个在人际环境下对内疚和羞耻进行诱发，并对两组的神经机制差异进行比较的研究。本研究的结果不仅呼应了前人的发现，还有一些独特、新颖的结果。使用想象范式和回忆范式的研究在比较内疚和羞耻时，主要强调背内侧前额叶的作用 (Takahashi et al., 2004; Wagner et al., 2011)，而本研究使用人际范式，发现颞顶联合区也是区分两种情绪的关键脑区。对颞顶联合区的发现可能是因为，本研究所使用的范式为被试提供了一个实时的社会交互环境。颞顶联合区的心理化功能只会在社会环境中产生，而不会在非社会环境中出现 (Saxe & Kanwisher, 2003)。此外，颞顶联合区负责推断他人即刻的瞬时的心理状态 (Van Overwalle & Baetens, 2009)。本研究结果表明颞顶联合区是区分人际内疚和羞耻的重要脑区。本研究的结果并没有像前人的研究那样发现一些与记忆有关的脑区 (Michl et al., 2014; Takahashi et al., 2004)。这可能是因为本研究的范式很好地排除了一些与内疚和羞耻不直接相关的心理过程，如记忆提取和心理想象。

对内疚和羞耻的区分可以为一些精神障碍提供一些洞见，如：抑郁症。有抑郁症状的患者通常对自己持有负面评价并习惯性否定自我 (见综述 , Disner, Beevers, Haigh, & Beck, 2011)。羞耻而非内疚对抑郁存在强烈的影响 (Orth, Berking, & Burkhardt, 2006; Tangney, Burggraf, & Wagner, 1995)。理论上来说，可归因于相比于内疚，羞耻与负性自我加工的关联性更强 (Tangney & Dearing, 2003)。本研究在神经层面对该理解进行了深化。即内疚和羞耻之间在自我加工区域(如：腹侧前扣带回和背侧前额叶) 的神经活动模式的差异，可能是造成仅有羞耻与抑郁紧密相关的原因。

本研究存在以下一些局限：首先，本研究没有测量一种与羞耻“相似的”情绪，尴尬。然而，本研究的目标并不是区分羞耻与尴尬。对于羞耻和尴尬是否是不同情绪反应这一点依然存在争议。有些研究者认为羞耻和尴尬在概念上是不同

的 (Haidt, 2003; Tangney, Miller, Flicker, & Barlow, 1996)，然而另一些研究者坚称尴尬是一种强度较弱的羞耻 (Kaufman, 2004; Lewis, 1971; Petra Michl et al., 2014)。一个被认为是羞耻和尴尬的核心差异点在于，相比于尴尬，羞耻更多地与道德违规联系在一起。然而，近期的一项研究表明，违反道德规范并不是体验羞耻所必需的要素 (Robertson et al., 2018)。负性的社会评价足以让个体产生羞耻感 (Robertson et al., 2018)。该研究发现进一步弱化了羞耻和尴尬的界限。虽然本研究认为本研究范式在羞耻条件下诱发的更可能是羞耻，但谨慎起见，可以将羞耻条件所诱发的情绪理解为羞耻和尴尬的混合体验。这里建议未来研究内疚和羞耻的研究者们对尴尬情绪也进行测量 (Fourie, Thomas, Amodio, Warton, & Meintjes, 2014)。

另外，就刺激本身而言，内疚条件和羞耻条件的差异仅仅在于决策者的决策是对或是错。考虑到游戏中建议者的目的是使得决策者做出正确决策，内疚条件或许可以被认为是被试接收到了一个负面的反馈（negative feedback, 决策者决策错了），而羞耻条件可以被认为是被试接收到了一个正面的反馈（positive feedback, 决策者决策对了）。有人可能质疑，内疚条件和羞耻条件的神经差异是否只是由负面反馈和正面反馈的差异造成的。采用单变量激活分析，对反馈进行探索的研究已经提供充足的证据表明，相比于正面反馈，负面反馈会激活中脑 (Aron, 2004) 和背侧前扣带回 (Bush et al., 2002; Holroyd et al., 2004; Nieuwenhuis, Holroyd, Mol, & Coles, 2004)。然而，在本研究对内疚和羞耻的比较中，并没有发现这两个脑区。这可能表明，被试不是仅仅简单地对决策者的结果进行加工，而是将该信息结合实验的整体规则（如：同伴作为决策者看到点数图片的时间比较短；同伴作为决策者每正确一次获得一元，错误一次损失一元）而形成更高级的认知和体验，如：内疚和羞耻。此外，已有很多研究表明，可以利用类似的反馈范式诱发道德情绪（如：内疚）(Gao et al., 2018; Leng, Wang, Cao, & Li, 2017; Yu, Duan, & Zhou, 2017; Yu et al., 2014) 并对其相应的神经机制进行探究 (Leng et al., 2017; Yu et al., 2014)。

最后，受限于范式和磁共振扫描仪的使用，本研究的生态效度可能较低。未来研究内疚和羞耻的研究者们，可以考虑通过两种方法来提高生态效度：一是

利用虚拟现实技术 (Patil et al., 2018)；二是利用（便携式）近红外光谱成像技术（该技术已被用于研究真人实时的面对面社会互动）(Piper et al., 2014; Tang et al., 2015)。

总的来说，在单变量激活分析方面，本研究与前人存在一致的发现，表明内疚和羞耻都会激活负责整合心理理论和自我信息的背内侧前额叶和负责情绪加工的前脑岛。研究还发现，相比于羞耻，内疚激活了与心理理论有关的脑区。该发现支持了前人关于内疚涉及更多的心理理论的假设。此外，研究的结果还对已有的理论进行了拓展，显示相比于羞耻，内疚还激活了与认知控制有关的脑区，暗示内疚还涉及更多的认知控制。在多变量模式分析方面，除了重复了单变量激活分析的结果外，该分析还发现背内侧前额叶和腹侧前扣带回也存在区分内疚和羞耻的信息，暗示两种情绪在自我参照加工上存在差异。研究四在心理和神经机制上都深化了关于人际内疚和羞耻的理解，并且为关注点理论提供了支持性证据。

第七章

研究五：死亡唤醒调节内疚与羞耻基于空间位置的神经机制

第一节 研究背景与研究目的

研究五主要研究死亡唤醒调节内疚和羞耻基于空间的神经机制，实验 12 通过功能磁共振成像实验探索死亡唤醒是否以及如何影响内疚和羞耻。

除了比较个体处于内疚和羞耻状态时的脑神经活动，探究其他心理因素如何调控内疚和羞耻也可以从侧面帮助了解内疚和羞耻的心理和神经机制，检验关注点理论。死亡唤醒是一个可能调节内疚和羞耻的心理变量 (Arndt, Greenberg, Pyszczynski, Solomon, & Schimel, 1999; Harrison & Mallett, 2013)。死亡唤醒是个体在加工和死亡有关的信息后所处的一种心理状态。大量研究发现，死亡唤醒会改变个体的认知和行为方式 (Burke, Martens, & Faucher, 2010; S. Hu, Zheng, Zhang, & Zhu, 2018; Wisman & Koole, 2003; Zaleskiewicz, Gasiorowska, & Kesebir, 2015)。这是因为由于人类可以意识到（目前）死亡是无可避免的，面对死亡时，人们会产生存在焦虑（existential anxiety），恐惧死亡 (Greenberg et al., 2003; Greenberg, Pyszczynski, & Solomon, 1986)。经典的恐惧管理理论(terror management theory)认为，当面对死亡唤醒时，为缓解存在焦虑，人类发展出了两类防御机制——近端防御和远端防御 (Greenberg et al., 1986; Pyszczynski, Solomon, & Greenberg, 1999)。近端防御发生在个体正在或刚刚完成对死亡相关信息的加工时。它会让个体去抑制与死亡相关的想法，将其从意识中移除出去，避免个体直接面对死亡焦虑(Pyszczynski et al., 1999)。远端防御发生在个体完成了对死亡相关信息的加工并进行了一些无关任务之后。它会使个体改变自己的认知、情绪和行为，来到达加强个体自尊和维护个体文化世界观的目的 (Pyszczynski et al., 1999)。它会让个体相信，即使自己生物性死亡了，但其有（文化）价值的部分还是在世间继续延续，从而间接消除个体的存在焦虑 (Greenberg et al., 1986)。

大量的研究证据表明，近端防御和远端防御确实是存在的 (Burke et al., 2010; Hayes, Schimel, Arndt, & Faucher, 2010; Hu et al., 2018; Pyszczynski et al., 1999)。例如，有研究发现阅读和死亡相关的陈述会降低个体脑岛的活动 (Han, Qin, & Ma, 2010; Klackl, Jonas, & Kronbichler, 2014; Luo et al., 2019; Shi & Han, 2013)。这表明个体情绪方面的自我意识被抑制了 (Han et al., 2010; Shi & Han, 2013)，支持了近端防御的存在。还有研究表明，死亡唤醒会调节与服从道德规范有关的心理和行为反应（如：共情和利他惩罚）的底层神经激活。由于服从道德规范是有助于个体加强自尊和维护文化世界观的 (Feng et al., 2017; X. Li et al., 2015; Silveira et al., 2014)，相关证据支持了远端防御的存在。

相比于针对死亡唤醒对认知和行为影响的研究，关于死亡唤醒对情绪特别是道德情绪如内疚和羞耻影响的研究非常匮乏（见三篇综述，Burke et al., 2010; Greenberg & Kosloff, 2008; Niesta, Fritsche, & Jonas, 2008)。内疚和羞耻会提醒个体道德违规，阻止个体继续不道德行为，并鼓励个体遵守道德规范 (Chang et al., 2011; Sznycer, 2019; Tangney et al., 2007)。在死亡恐惧管理理论的框架下，内疚和羞耻可能会以如下的方式参与到远端防御中去（见图 7–1）。潜意识里和死亡有关的想法会内隐地促进个体重新评估其曾经做过的不道德行为，并相应地增强内疚和羞耻。这两种道德情绪会让个体在心理做好准备，促进个体做出各种道德行为进行补救，如道歉、补偿、自我惩罚 (Haidt, 2003; Tangney et al., 2007; Zhu et al., 2017)。由于文化世界观可以提供秩序感和意义感，且道德规范是文化世界的重要组成部分 (Gailliot, Stillman, Schmeichel, Maner, & Plant, 2008; Pyszczynski & Kesebir, 2012)，做出道德行为可以帮助个体维护自己的文化世界观，维持自己道德方面的自尊 (Harrison & Mallett, 2013)。前人的一些研究结果是支持这一推断的。比如，有研究发现感到内疚和羞耻的个体在做出道德行为之后，其内疚和羞耻情绪会得到缓解，有释怀感，并且觉得自己弥补了过去的罪行，心灵得到了净化，道德自我得以重建 (Bastian et al., 2011; Glucklich, 2001; Monin & Jordan, 2009;

Nelissen & Zeelenberg, 2009)。据此，本研究提出潜意识里的死亡相关的想法会内隐地改变个体对过去不道德行为的评判，增强内疚和羞耻；被增强的内疚和羞耻会促进个体做出道德行为；内疚和羞耻所促进的道德行为（并非内疚和羞耻本身）会影响个体的文化世界观和自尊。因此，被增强的内疚和羞耻是从死亡唤醒到被维护的文化世界观和自尊的重要中间环节。

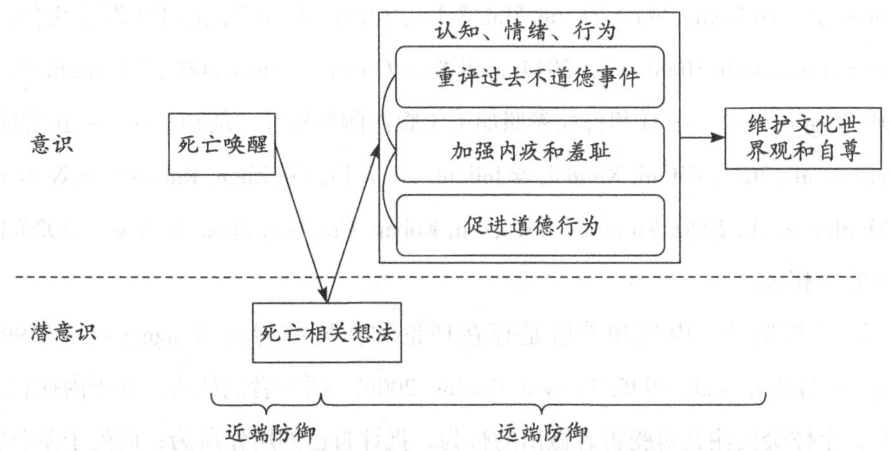

图 7-1　在恐惧管理理论的框架下，关于死亡唤醒和内疚和羞耻的理论关系构建

尽管内疚和羞耻一定程度上可能都是可以促进道德行为的道德情绪，但它们被认为是为了解决不同的社会问题而进化出来的心理产物 (Sznycer, 2019)。内疚通常出现在个体伤害了他人的场景中（个体的人际关系出现了破裂）(Parkinson & Illingworth, 2009; Sznycer, 2019)。羞耻则不时出现在个体暴露了自己（道德方面的）无能的场景中（个体的社会声誉出现了问题）(Sznycer, 2019)。因此，分别检验死亡唤醒对内疚和羞耻的影响是有必要的。这有助于在不同的社会场景中检验恐惧管理理论的解释力。值得注意的是，有时候产生内疚和羞耻的社会尝试并不是完全互斥的。不过，通常内疚与和直接互惠有关的场景的联系更为紧密，而羞耻与和间接互惠相关的场景的联系更为密切 (Sznycer, 2019)。

除了检验死亡唤醒是否会影响内疚和羞耻，探究死亡唤醒的影响是如何发生的也非常重要，这就需要研究相应的脑神经机制。死亡唤醒影响与内疚和羞耻有关的神经活动的方式很可能依赖于内疚和羞耻的心理特点。内疚和羞耻具有三个相同的心理加工特点。基于被试的自我主观报告，前人发现处于内疚和羞耻的个体会有强烈的负性情绪体验（情绪加工）、关注他人的苦难（心理理论加工）以及指责自己造成了他人的苦难（自我参照加工）(Bastin et al., 2016; Tangney & Dearing, 2003)。与被试的自我报告一致，神经成像和脑损伤的研究结果表明，内疚和羞耻都与涉及情绪加工（杏仁核、脑岛）(Michl et al., 2014; Piretti et al., 2020; Pulcu et al., 2014; Zhu, Feng, Zhang, Mai, & Liu, 2019)、心理理论加工（颞顶联合区）(Finger et al., 2006; Michl et al., 2014; Moll & de Oliveira–Souza, 2007; Takahashi et al., 2004; Wagner et al., 2011) 和自我参照加工（腹内侧前额叶、前扣带回、后扣带回）(Bastin et al., 2016; Gifuni, Kendal, & Jollant, 2017; Li, Yu, Zhou, Kalenscher, & Zhou, 2020; Shin et al., 2000; Yu et al., 2014; Yu, Koban, Crockett, Zhou, & Wager, 2020) 的脑区紧密相关。

除了相似性，内疚和羞耻是存在理论和实质差异的 (Tangney et al., 1995; Tangney, Miller, et al., 1996; Tracy & Robins, 2006)。研究者们认为，处于内疚状态下时，个体会关注其对受害者做出的行为，批评自己的所作所为；而处于羞耻状态下时，个体会关注自我，贬低自己 (Tangney & Dearing, 2003)。与该观点相符合的是，行为研究发现内疚会促进他人导向的补救行为，如：道歉和补偿 (Howell et al., 2012; Yu et al., 2014)；而羞耻会导致自我导向的自我形象管理行为，如：逃避和躲藏 (de Hooge et al., 2010; Gausel & Leach, 2011; Sznycer et al., 2016)。神经成像的结果显示，内疚相比于羞耻涉及更多的心理理论加工（颞顶联合区的激活）和执行控制加工（眶额叶的激活）(Wagner et al., 2011; Zhu, Feng, et al., 2019)；羞耻相比于内疚涉及更多的自我参照加工（背内侧前额叶和前扣带回的神经活动，Zhu, Feng, et al., 2019)。考虑到内疚和羞耻的相似性和差异性，死亡唤醒影响内疚和羞耻的方式可能不是完全一样的。研究死亡唤醒调节内疚和羞耻的神经机制的异同，是对关注点理论的检验。

此外，少有研究探索两种近端防御和远端防御的关系（只有一个例外，见 Luo et al., 2019）。行为研究无法很好地量化近端防御 (Greenberg, Arndt, Simon, Pyszczynski, & Solomon, 2000; Pyszczynski et al., 1999)，而已有的功能磁共振成像研究仅仅关注正在加工死亡相关信息时的神经活动（近端防御阶段）或完成了对死亡相关信息的加工并进行了一些分心任务后的神经活动（远端防御阶段）。此外，现有的功能磁共振成像研究对自身的理论贡献的关注度不够。它们在行文里都没有提及"近端防御"和"远端防御"这些理论概念。

针对上述研究局限，本研究会通过功能磁共振成像实验去探索死亡唤醒是否以及如何影响内疚和羞耻。基于恐惧管理理论 (Greenberg et al., 1986; Pyszczynski et al., 1999)，研究预期死亡唤醒会增强内疚和羞耻。根据现有的神经方面的研究发现和内疚与羞耻的相似性 (Bastin et al., 2016)，本研究预期在内疚和羞耻条件中，死亡唤醒会增强与情绪加工（杏仁核、脑岛）、心理理论加工（颞顶联合区）和自我参照加工（腹内侧前额叶、背内侧前额叶、后扣带回）有关的神经活动。考虑到内疚与羞耻的差异性 (Zhu, Feng, et al., 2019)，研究预期在内疚和羞耻条件之间，死亡唤醒调节与执行控制加工（眶额叶）、心理理论加工（颞顶联合区）和（或）自我参照加工（腹内侧前额叶、背内侧前额叶、后扣带回）有关的神经活动的程度会有所不同。

对于功能磁共振成像数据，研究会采用单变量激活分析和心理生理交互作用分析（psychophysiological interaction analysis, PPI）。因为有些与内疚和羞耻有关的心理加工（自我参照加工和心理理论加工）不仅涉及单个的脑区激活，还与这些脑区之间的连接有关。关于自我参照加工，研究发现加工和自我有关的信息会激活几个皮层中线结构（腹内侧前额叶、前扣带回、背内侧前额叶、后扣带回、楔前叶）(Northoff & Bermpohl, 2004; Northoff et al., 2006; van der Meer, Costafreda, Aleman, & David, 2010)。同时，自我参照加工会伴随着皮层中线结构之间功能连接（腹内侧前额叶和后扣带回的连接、腹内侧前额叶和楔前叶的连接）的减弱 (van Buuren, Gladwin, Zandbelt, Kahn, & Vink, 2010; van Buuren, Vink, & Kahn, 2012)。关于心理理论加工，研究发现理解他人的想法和情绪会激活心理理论加工网络（颞顶联合区和颞上回）(Schurz et al., 2014)，并且加强该网络内部脑区之间的连接（双侧颞顶联合区的连接）(Van Overwalle, Van de Steen, & Mariën, 2019)。因此，同时使用单变量激活分析和心理生理交互作用分析有助于研究识别出死亡唤醒影响内疚和羞耻的细微差异。

此外，研究会探索近端防御和远端防御的关系。考虑到两种防御都是为了缓解存在焦虑 (Pyszczynski et al., 1999)，本研究预期，有着更强的近端防御表现的个体，其远端防御也会更强。由于前人研究一致发现加工死亡相关信息会降低脑岛的激活程度 (Han et al., 2010; Klackl et al., 2014; Luo et al., 2019; Shi & Han, 2013)，并将其视为抑制情绪相关的自我意识，本研究将以脑岛的激活为近端防御指标。研究会将被死亡唤醒影响的内疚和羞耻相关的神经活动作为远端防御的指标。

第二节　实验 12：死亡唤醒改变内疚与羞耻基于空间位置的神经机制

一、被试

被试的招募主要通过在学校网络论坛发布广告的形式进行。65 名右利手的成年大学生自愿参与了该实验。根据被试的自我报告，所有被试身体健康，无精神疾病或精神疾病史。有 3 名被试因私人原因主动退出实验或没有正确理解实验指导语而被排除。最终的数据分析中，剩余 62 名被试，其中死亡唤醒组包含女性 16 名，男性 16 名，平均年龄为 22.62 岁，标准差为 3.05 年；负性情绪组包含女性 18 名，男性 12 名，平均年龄为 21.77 岁，标准差为 2.45 年。

二、实验设计和流程

该实验为 2（启动类型：死亡唤醒启动 vs. 负性情绪启动，被试内因素）× 3（回忆事件：内疚 vs. 羞耻 vs. 中性，被试间因素）混合设计。

实验使用自传体记忆范式（回忆范式）来诱发目标情绪。该范式的有效性已经得到过前人的证实 (Michl et al. 2014; Takahashi et al. 2004; Wagner et al. 2011)。在磁共振扫描开始的两至三周前，被试会完成一份网络问卷。被试需要回忆自己经历过的与内疚、羞耻或中性情绪有关的事件。对于每种情绪，被试需要回忆三个不同的事件（共需要回忆 3 × 3 = 9 个事件）。被试回忆的各种事件需要满足三个条件。内疚相关事件需要满足的条件是：（1）你的行为违反了重要的规则；（2）如果你做出了不同的行为的话，你本可以避免（至少部分避免）不好的结果；（3）你对伤害了他人的这个事件负有责任 (Michl et al. 2014; Takahashi et al. 2004; Wagner et al. 2011)。羞耻相关事件需要满足的条件是：（1）你使自己陷入了一个非常不利的局面里；（2）这个事件是非常重要的，因为它会损害你的名声或信用；（3）你感觉无法改变自己的负面形象(Michl et al. 2014; Takahashi et al. 2004; Wagner et al. 2011)。中性相关事件需要满足的条件是：（1）事件发生在一个普通工作日的早上；（2）事件发生在你起床之后且在你去工作之前；（3）你没有感受到什么特别的情绪(Zhu, Xu, et al., 2019)。出于保护被试隐私的考虑，被试只需要报告和事件相关的关键词，而不需要报告整个事件。这些关键词会被用于后续的情绪再现任务，用来帮助被试回忆特定的情绪事件。在报告了关键词之后，被试需要对自己在经历各个事件时的情绪状态进行评分。具体需要评分的情绪包括：悲伤、内疚、高兴、自豪、羞耻、恐惧、厌恶、惊讶（11 点评分，0 分表示完全没有该情绪，11 分表示该情绪非常强烈）。

为增加诱发特定情绪的概率，对于每种情绪事件，实验会从三个被试回忆的事件中选取两个作为有效事件，并将其用于后续的情绪再现任务。对于内疚或羞耻事件，当目标情绪（内疚或羞耻）的评分高于其他任何情绪的评分时，该事件会被认为是有效事件。举例来说，对于一个有效的内疚事件，它的内疚评分应该高于其他任何情绪评分。如果被试回忆的三个事件都可以被认为是有效的，那么有更高的目标情绪评分的两个事件会被采用。对于中性事件，当内疚或羞耻评分在所有情绪评分中均不是最高的时，该事件会被认为是有效事件。如果被试回忆的三个事件都可以被认为是有效的，那么所有情绪评分的均值较低的两个事件会被采用。以该准则为指导，最后所选取的内疚事件的内疚评分显著高于其他任何情绪（所有 $F > 58.32$, 所有 $p < 0.001$, 所有偏 $\eta^2 > 0.49$）；所选取的羞耻事件的羞耻评分显著高于其他任何情绪（所有 $F > 17.35$, 所有 $p < 0.001$, 所有偏 $\eta^2 > 0.22$）（见表 7–1）。有趣的是，所选取的中性事件的高兴评分显著高于其他任何情绪（所有 $F > 57.38$, 所有 $p < 0.001$, 所有偏 $\eta^2 > 0.49$）。这可能是因为相比于回忆内疚或羞耻事件，回忆中性事件可以被认为是令人高兴的。那么，内疚事件、羞耻事件和中性事件中的主导情绪分别是内疚、羞耻和高兴。

表 7-1　三种情绪事件的情绪评分均值和标准差

情绪	内疚事件	羞耻事件	中性事件
悲伤	6.8 ± 0.3	5.5 ± 0.3	1.5 ± 0.1
内疚	8.9 ± 0.2*	5.0 ± 0.3	1.4 ± 0.1
高兴	1.5 ± 0.1	1.7 ± 0.1	3.7 ± 0.3*
自豪	1.5 ± 0.1	1.4 ± 0.1	1.9 ± 0.2
羞耻	5.4 ± 0.3	7.9 ± 0.3*	1.4 ± 0.1
恐惧	4.8 ± 0.4	4.6 ± 0.3	1.3 ± 0.1
厌恶	4.9 ± 0.4	6.1 ± 0.3	1.7 ± 0.2
惊讶	4.3 ± 0.3	3.7 ± 0.3	1.8 ± 0.2

注：*$p < 0.05$，与同一列内的所有其他值的比较。

被试会在接受磁共振扫描的情况下，完成三个任务。第一个任务为陈述阅读（约 4 分钟）。该任务被广泛地运用于死亡唤醒 (Feng et al., 2017; Han et al., 2010; Luo, Shi, Yang, Wang, & Han, 2014)。在陈述阅读任务里，被试会阅读一些陈述性语句并需要表明自己是否同意这些陈述。被试会被随机分配到死亡唤醒组或负性情绪组。死亡唤醒组的被试会阅读 28 条有关死亡的陈述。如：我死后尸体会被火化，只留下一些骨灰。负性情绪组的被试会阅读 28 条涉及负性情绪（但与死亡无关）的陈述。如：我总对生活中的事物感到不安。这些陈述源自前人关于死亡唤醒的研究 (Feng et al., 2017)。

在第二个任务里，被试会进行 40 次的数学计算（约 5 分钟）（如：3578 + 5926）。他们需要判断计算的结果是奇数或是偶数。这个任务的作用是让被试分心，将死亡唤醒启动（或负性情绪启动）和实验所关心的核心任务间隔开来，使被试不要始终在意识里关注死亡。当被试的注意力被转移到死亡之外的事物后，有关死亡的想法会从意识转移到潜意识里 (Pyszczynski et al., 1999)。前人的研究表明，远端防御只发生在死亡相关的想法处于潜意识状态时 (Burke et al., 2010; S. Hu et al., 2018; Schimel, Wohl, & Williams, 2006)。因此，这里的数学计算任务是死亡唤醒中的重要一环。

第三个任务是情绪再现任务（约 8 分钟）。被试需要阅读他们之前在网上问卷中提供的关键词（两套关键词是涉及内疚事件的，内疚条件；两套关键词是涉及羞耻事件的，羞耻条件；两套关键词是涉及中性事件的，中性条件），回忆这些事件，并在脑海中重现事件相关的情绪。在被试进入磁共振扫描仪之前，他们会先浏览一次他们在 2-3 周前所提供的关键词。所有被试都表示他们记得关键词所对应的事件。被试回忆不同事件的顺序是随机的，但服从下面的限制：相同情绪类型的事件不会被其他情绪类型事件隔开。一个试次的时间线如图 7-2 所示。每个试次开始时，屏幕上会出现一个提示词（3 秒），用于表明被试将回忆的事件所涉及的情绪。之后，一个与事件相关的关键词将被呈现（9 秒）。关键词呈现完成之后，将有一个再现阶段。在该阶段，被试需要回忆关键词对应的事件并感受事件相关的情绪（20 秒）。被试如果在该阶段结束前停止了回忆，需要按键表示他们是在何时停止的（实验中没有被试按键）。接着，被试需要进行内疚情绪评分（时限为 9 秒；11 点评分，0 表示没有该情绪，10 表示该情绪非常强烈）、羞耻情绪评分（时限为 9 秒；11 点评分，0 表示没有该情绪，10 表示该情绪非常强烈），以及回忆生动程度评分（时限为 9 秒；11 点评分，0 表示回忆不生动，10 表示回忆非常生动）。评分之后，被试会进行一个分心游戏（共 16 秒）。分心游戏以一个十字注视点作为开始（3 秒）。之后，5 个单独的数字会依次连续出现在屏幕上。每个数字呈现 2 秒。被试需要在看到数字“3”的时候按键。该游戏被镶嵌在情绪再现任务里是为了清空被试的思绪，避免当前试次的情绪污染下一个试次的情绪 (Michl et al. 2014; Takahashi et al. 2004; Wagner et al. 2011)。

在第三个任务之后，实验会检验死亡唤醒是否成功。被试需要对在死亡唤醒启动或负性情绪启动后自己的主观体验进行评分。评分的内容包括：多大程度在心理上觉得死亡距离自己很近（死亡接近，closeness to death）、多大程度上恐惧死亡（死亡恐惧，fear of death），以及多大程度上是不高兴的（不高兴，unpleasantness）（11 点评分，0 表示完全没有，11 表示非常强烈）。被试还需要报告其回忆的每个事件发生在几周以前。

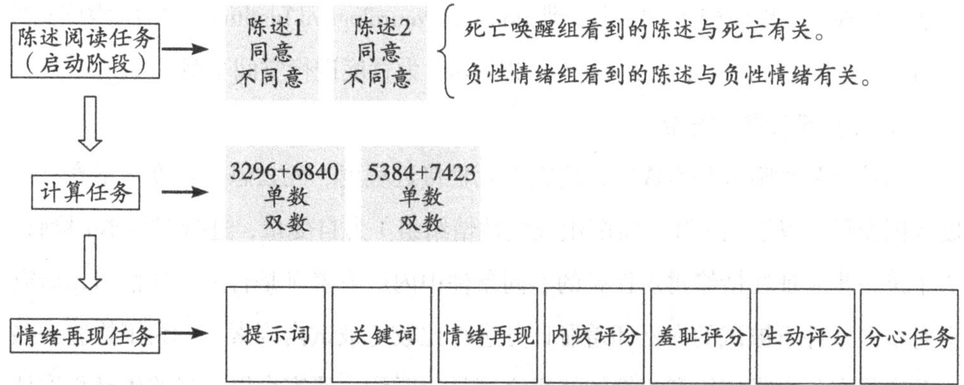

图 7-2　功能磁共振扫描期间的任务流程情况。共有三个任务。第一个任务是陈述阅读任务（死亡唤醒启动）。期间被试会阅读和死亡信息相关的陈述（死亡唤醒组）或和负性情绪（负性情绪组）相关的陈述，并表明自己是否同意该陈述。第二个任务是一个计算任务。被试需要完成 40 次数学计算，按键表明计算结果是单数或双数。第三个任务是情绪再现任务。每个试次以一个情绪提示词开始，之后被试会看见情绪事件的关键词、再现事件并体验相关情绪。之后，被试要进行内疚、羞耻和回忆生动程度的评分。每个试次最后会有一个分心任务，用来避免当前试次的情绪污染下一个试次的情绪。

三、图像获取

使用配备标准线圈的 3T 磁共振扫描仪进行扫描。使用 T2 权重的功能像成像序列（gradient-echo-planar imaging sequence, EPI 序列）进行功能像获取。具体参数为：层数 = 62，TR = 2000 ms，TE = 30 ms，翻转角 = 90 度，层厚 = 2.0 mm，FOV = 224 mm × 224 mm，体素大小 = 2 × 2 × 2 mm^3。实验也获取了高清的全脑结构像。具体参数为：层数 = 144，TR = 2530 ms，TE = 2.98 ms，翻转角 = 7 度。此外，为了校正图像扭曲，实验还会获取场图像 (field map)。具体参数为：层数 = 62，TR = 620 ms，层厚 = 2.0 mm，体素大小 = 2 × 2 × 2 mm^3。

四、数据分析

（一）预处理

研究使用基于 Matlab（The MathWorks, Inc）软件的 SPM 程序包 (http://www.fil.ion.ucl.ac.uk/spm) 进行磁共振数据的预处理。预处理步骤包括：几何畸变校正、获取时间校正、移动校正、标准化到 Montreal Neurological Institute（MNI）空间（新的 voxel 大小变为 2 × 2 × 2 mm^3）、以 6 mm 为宽度进行空间平滑。

（二）行为数据分析

为检验死亡唤醒是否成功，研究以死亡接近程度、死亡恐惧程度、不高兴程度为因变量，以组别（死亡唤醒组或负性情绪组）为自变量，进行双样本 t 检验。为了进一步验证在情绪再现任务的不同条件中内疚或羞耻是否为主导情绪，研究会对不同条件下被试的内疚和羞耻评分进行比较（被试内因素）。为了检验一些无关变量在死亡唤醒组和负性情绪组之间是否匹配，研究会以回忆的生动程度评分和事件的发生时间为因变量，以组别（死亡唤醒组或负性情绪组）为自变量，进行双样本 t 检验。

为检验死亡唤醒是否会增强内疚和羞耻情绪，研究会分别分析死亡唤醒对内疚事件的内疚情绪的改变以及对羞耻事件的羞耻情绪的改变的影响。（内疚或羞耻）情绪的改变指的是被试在情绪再现任务中的对事件的（内疚或羞耻）情绪评分（发生在死亡唤醒或负性情绪启动之后）减去被试在网上问卷中对事件的（内疚或羞耻）情绪评分（发生在死亡唤醒或负性情绪启动之前，可以被视为一个基线）。研究以内疚情绪改变和羞耻情绪改变为因变量，以组别（死亡唤醒组或负性情绪组）为自变量，进行双样本 t 检验。研究还会合并死亡唤醒组和负性情绪组的数据，利用 Pearson 相关系数探究死亡接近程度或死亡恐惧程度是否和内疚情绪改变或羞耻情绪改变相关。虽然死亡接近程度（而非死亡恐惧程度）才是与死亡唤醒相关的核心心理结构 (Pyszczynski et al., 1999)，但为了分析的完整性，研究还是把死亡恐惧程度纳入了数据分析。

此外，本研究还比较了死亡唤醒对内疚和羞耻评分的影响是否存在显著差异（需要注意的是，该分析是探索性的）。具体而言，研究以情绪的改变为因变量，以情绪类型（内疚或羞耻，被试内因素）和组别（死亡唤醒组或负性情绪组，被试间因素）为自变量，进行双因素方差分析。研究感兴趣的是交换作用是否显著。另外，本研究还利用 Fisher r-to-z 变化检验了死亡接近程度和情绪改变的相关程度在内疚和羞耻条件间是否存在显著差异。相同的分析也会在死亡恐惧程度数据上进行。

（三）单变量激活分析

研究关心被试对死亡唤醒启动和负性情绪启动的神经反应。针对陈述阅读任务，在个体水平上，研究将被试选择是否同意的阶段（时长：被试的反应时间）放入一般线性模型（作为回归因子）。研究不会把反馈阶段放入模型，而是将其视为内隐的基线（implicit baseline）。六个头动参数被定义为想要被排除影响的回归因子。除了头动参数，其他回归因子均会与标准的血液动力学反应函数进行卷积。在定义对比（contrast）时，研究关心的是被试选择是否同意的阶段的神经反应（以内隐基线作为参照）。在群体水平上，研究将使用来自个体水平的对比图像（contrast image），利用双样本 t 检验去检测组间差异（死亡唤醒组 vs. 负性情绪组）。由于前人的研究表明死亡相关信息的加工与脑岛的负激活有关 (Han et al., 2010; Klackl et al., 2014; Luo et al., 2019)，研究把脑岛视为感兴趣区（region of interest, ROI）。研究会依据 AAL3 模板（anatomical automatic labeling template 3）（1770 个体素）定义脑岛区域 (Rolls, Huang, Lin, Feng, & Joliot, 2020)。为保证结果的可靠性，研究也会依据 Brodmann 分区模板（Brodmann's area template）（2096 个体素）(Zilles, 2018) 或源自 Neurosynth 的元分析结果图定义脑岛区域（https://www.neurosynth.org; Yarkoni, Poldrack, Nichols, Van Essen, & Wager, 2011）。依据 Neurosynth 的元分析结果图定义脑岛区域的方法具体如下：在 Neurosynth 上使用关键词 "insula"（脑岛）进行搜索，下载所得到的图像，确定图像中激活最强的体素的 MNI 坐标（[40, 20, −10]），以该坐标为球心画一个 10 毫米的小球。统计阈限被设定为：在体素水平上未校正 $p < 0.001$，以及在团块水平上 FWE 校正 $p < 0.05$（以全脑为范围，或以 ROI 为范围进行小体积矫正（small-volume correction））。由于使用不同的方法定义脑岛区域不会改变统计结果，研究将依据 AAL3 模板定义脑岛区域，并进行后续分析。

研究还关心死亡唤醒启动和负性情绪启动对有关内疚和羞耻的脑神经活动的影响。针对情绪再现任务，在个体水平上，研究将把各个阶段分别放入一般信息模型。其中包括提示词（时长：3 秒）、关键词呈现（时长：9 秒）、情绪再现（时长：

20秒）、内疚评分（时长：9秒）、羞耻评分（时长：9秒）和生动程度评分（时长：9秒）。根据回忆情绪事件的种类，情绪再现阶段会被进一步分为三个回归因子，对应内疚、羞耻和中性三个条件。六个头动参数被定义为想要被排除影响的回归因子。除了头动参数，其他回归因子均会与标准的血液动力学反应函数进行卷积。研究会定义两个对比来了解与内疚（内疚条件 vs. 中性条件）和羞耻（羞耻条件 vs. 中性条件）有关的神经活动。在群体水平上，研究将使用来自个体水平的对比图像，利用双样本 t 检验去检测组间差异（死亡唤醒组 vs. 负性情绪组）。考虑到前人的研究表明内疚和羞耻会与下面的脑区活动有关：情绪加工相关脑区（脑岛、杏仁核）、自我参照加工相关脑区（腹内侧前额叶、背内侧前额叶、后扣带回）、心理理论加工（颞顶联合区）、执行控制（眶额叶），研究会将这些脑区列为感兴趣区。依据与负性情绪有关的元分析研究 (Lindquist, Wager, Kober, Bliss-Moreau, & Barrett, 2012)，将脑岛区域和杏仁核区域定义为两个 10 毫米的小球，分别以 MNI 坐标 [–26, 22,–12] 和 [–30, –4, –22] 为球心。依据与自我参照加工有关的元分析研究 (Northoff et al., 2006) (也参见 Lemogne et al., 2011)，将腹内侧前额叶、背内侧前额叶和后扣带回区域定义为三个 10 毫米的小球，分别以 MNI 坐标 [–6, 42, –12]、[–6, 27, 42] 和 [–3, –54, 18] 为球心。依据与心理理论加工有关的元分析研究 (Schurz et al., 2014)，将颞顶联合区区域定义为一个 10 毫米的小球，以 MNI 坐标 [62, –58, 20] 为球心。依据与情绪方面的执行控制有关的元分析研究 (Feng et al., 2018)，将眶额叶区域定义为一个 10 毫米的小球，以 MNI 坐标 [–40, 22, –18] 为球心。每个 10 毫米的小球包含 515 个体素。统计阈限被设定为：在体素水平上未校正 $p < 0.001$，以及在团块水平上 FWE 校正 $p < 0.05$（以全脑为范围，或以 ROI 为范围进行小体积矫正）。

与行为分析类似，研究会比较死亡唤醒对脑神经活动的影响在内疚条件和羞耻条件之间是否存在显著差异。研究关注那些在内疚条件或羞耻条件中被显著影响了的团块（cluster）（内疚条件：腹内侧前额叶、眶额叶、杏仁核；羞耻条件：腹内侧前额叶）。需要注意的是，内疚条件和羞耻条件中所发现的腹内侧前额叶团块是没有重合的。以上面的四个团块为感兴趣区域，研究会分别在内疚条件和羞耻条件中从死亡唤醒组和负性情绪组中提取平均激活值。研究会分别以从四个团块中提取的平均激活值为因变量，以组别（被试间变量：死亡唤醒组 vs. 负性情绪组）和情绪条件（被试内变量：内疚 vs. 羞耻）为自变量，进行双因素方差分析。

（四）心理生理交互作用分析

单变量激活分析显示，相比于负性情绪组，死亡唤醒组在四个团块中有更强的脑神经激活。以该发现为基础，研究使用基于 SPM 软件的一般化心理生理交互作用工具盒（SPM-based generalized PPI toolbox; https://www.nitrc.org/projects/gppi）进行心理生理交互作用分析（psychophysiological interaction analysis, PPI），进一步探索死亡唤醒对脑功能连接的影响。研究以在单变量激活分析中发现的四个团块的激活峰值点为球心（死亡唤醒组（内疚 vs. 中性）vs. 负性情绪组（内疚 vs. 中性）：腹内侧前额叶 [−10, 46, −20], 眶额叶 [−40, 32, −18] 和杏仁核 [−34, 2, −22]; 死亡唤醒组（羞耻 vs. 中性）vs. 负性情绪组（羞耻 vs. 中性）：腹内侧前额叶 [−2, 34, −14]），设定四个 10 毫米的小球，并将这些小球列为功能连接分析的种子区域（seed region）。平均时间序列值（mean time series）将从这四个种子区域中提取。六个头动参数的影响会被控制回归掉，以排除头动对结果的影响。在个体水平上，研究会定义两个对比来了解与内疚（内疚条件 vs. 中性条件）和羞耻（羞耻条件 vs. 中性条件）有关的脑神经功能连接。在群体水平上，研究将使用来自个体水平的对比图像，利用双样本 t 检验去检测组间差异（死亡唤醒组 vs. 负性情绪组）。统计阈限被设定为：在体素水平上未校正 $p < 0.001$, 以及在团块水平上 FWE 校正 $p < 0.05$（以全脑为范围）。

心理生理交互作用分析的结果显示，在羞耻条件中，死亡唤醒组相比于负性情绪组有较弱的腹内侧前额叶和楔前叶连接、腹内侧前额叶和后扣带回连接。为了能够在内疚和羞耻条件之间比较死亡唤醒对脑功能连接的影响，研究又进行了一次功能连接分析。该分析是在内疚条件中进行的，不过是以在单变量激活分析中死亡唤醒组（羞耻 vs. 中性）vs. 负性情绪组（羞耻 vs. 中性）对比发现的腹内侧前额叶的激活峰值（[−2, 34, −14]）去定义种子区域（10 毫米小球）。之后，以腹内侧前额叶和楔前叶连接和腹内侧前额叶和后扣带回连接为对象，研究会分别在内疚条件和羞耻条件中从死亡唤醒组和负性情绪组中提取平均连接值。研究会分别以从两个连接中提取的平均连接值为因变量，以组别（被试间变量：死亡唤醒组 vs. 负性情绪组）和情绪条件（被试内变量：内疚 vs. 羞耻）为自变量，进行双因素方差分析。

（五）动态因果模型分析

心理生理交互作用分析的结果可以表明不同脑区之间功能连接的强弱，但却无法了解这些连接之间的方向 (Stephan et al., 2010; Stephan & Friston, 2010)。因此，为了进一步了解不同脑区之间的功能连接情况，研究会进行动态因果模型（dynamic causal modeling, DCM）去研究死亡唤醒是否会影响腹内侧前额叶和楔前叶连接、腹内侧前额叶和后扣带回连接的方向。基于心理生理交互作用分析的结果，研究将腹内侧前额叶（球心 [–2, 34, –14]，10 毫米小球）、楔前叶（球心 [–2, –50, 72]，10 毫米小球）和后扣带回（球心 [–2, –52, 20]，10 毫米小球）作为动态因果模型分析的感兴趣区域（volumes of interest, VOIs）。分析会从这些感兴趣区域中提取信号的首个特征值（the first eigenvalues of signals）。

由于心理生理交互作用分析只在羞耻条件中发现了显著的结果，所以在动态因果模型分析中将羞耻和中性条件用作模型的输入。前人研究表明腹内侧前额叶在自我表征中负责整合不同源头的各种信息 (Northoff & Bermpohl, 2004; Schmitz & Johnson, 2007; van der Meer et al., 2010)，而楔前叶和后扣带回与自传体记忆紧密相关 (Bahk & Choi, 2018; Summerfield, Hassabis, & Maguire, 2009)。考虑到本研究的实验刺激是被试过去的私人事件，研究假设动态因果模型的输入是发生在楔前叶和后扣带回的。

参照心理生理交互作用分析的发现，研究假设固有连接（intrinsic connectivity）存在于腹内侧前额叶与楔前叶之间，以及腹内侧前额叶与后扣带回之间。为了检验连接的方向，研究构建了四个模型家族（families of models）（见图 7–9）。不同的家族之间，固有连接的方向（或方式）存在差异（如：单边连接或双边连接）。同一个家族内的不同模型的固有连接是相同的，但是调节作用

（modulatory effect）（即羞耻和中介条件）置于固有连接的位置不同。

研究使用贝叶斯模型选择（随机效应，random effect）来比较独立的单个模型，为每个模型计算超越机率（exceedance probabilities, EP）。具有最高的超越机率的单个模型会被认为是最优单个模型。研究使用贝叶斯模型平均（随机效应）对相同模型家族的表现情况进行平均，从而比较各个模型家族。具有最高的超越机率的模型家族会被认为是最优的模型机组。

（六）死亡相关的评分与神经活动

为了进一步确认内疚和羞耻相关的脑神经活动的组间差异（死亡唤醒组 vs. 负性情绪组）是否是由死亡唤醒导致的，研究会检验死亡接近程度评分是否与展现出组间差异的脑激活或脑功能连接存在相关。为了进行皮尔逊相关分析，研究会从展现出组间差异的脑激活或脑功能连接对应区域提取出平均估计值。此外，研究还会利用 Fisher r-to-z 变化去检验死亡接近程度评分和上述的脑激活或脑功能连接的相关程度在内疚和羞耻条件间是否差异显著。与之前的行为分析一致，相同的分析也会在死亡恐惧程度数据上进行。

（七）近端防御和远端防御

前人的研究一致表明，被试在阅读与死亡有关的信息时，脑岛的激活程度会减弱 (Han et al., 2010; Klackl et al., 2014; Luo et al., 2019; Shi & Han, 2013)。因此，本研究以陈述阅读任务（启动阶段）中被试脑岛的激活程度作为近端防御的指标。研究会以情境再现任务中被试被死亡唤醒所影响的神经活动作为远端防御的指标。研究将在所有被试中计算近端防御和远端防御的皮尔逊相关。

五、结果与讨论

（一）行为结果

相比于负性情绪组，死亡唤醒组具有更高的死亡接近程度评分（死亡唤醒组：平均数为 5.38，标准差为 1.96; 负性情绪组：平均数为 1.70，标准差为 2.26; $t(60) = 6.81, p < 0.001$, Cohen's $d = 1.73$）和死亡恐惧程度评分（死亡唤醒组：平均数为 3.75，标准差为 2.76; 负性情绪组：平均数为 2.37，标准差为 2.65; $t(60) = 2.01$, $p = 0.048$, Cohen's $d = 0.51$）（见表 7-2）。与前人的结果一致 (Feng et al., 2017;

Greenberg, Pyszczynski, Solomon, Simon, & Breus, 1994)，死亡唤醒组和负性情绪组在不高兴程度评分上没有显著差异（死亡唤醒组：平均数为4.21，标准差为3.15；负性情绪组: 平均数为3.96，标准差为3.12; $t(60) = 0.40, p = 0.69$, Cohen's $d = 0.10$）。这些结果表明，研究关于死亡唤醒的操纵是成功的。

表 7–2　死亡接近程度、死亡恐惧程度和不高兴程度评分的均值和标准差

组别	死亡接近程度	死亡恐惧程度	不高兴程度
死亡唤醒组	5.38 ± 1.96	3.75 ± 2.76	4.21 ± 3.15
负性情绪组	1.70 ± 2.26	2.37 ± 2.65	3.96 ± 3.12

在情绪再现任务期间，无论是死亡唤醒组还是负性情绪组的被试，在内疚条件中的内疚评分都显著高于羞耻评分（死亡唤醒组：$t(31) = 4.81, p < 0.001$, Cohen's $d = 0.85$; 负性情绪组：$t(29) = 5.93, p < 0.001$, Cohen's $d = 1.08$）；在羞耻条件中的羞耻评分都显著高于内疚评分（死亡唤醒组：$t(31) = 5.36, p < 0.001$, Cohen's $d = 0.95$; 负性情绪组：$t(29) = 5.27, p < 0.001$, Cohen's $d = 0.96$）；而在中性条件中，内疚评分和羞耻评分没有显著差异（死亡唤醒组: $t(31) = 1.33, p = 0.194$, Cohen's $d = 0.24$; 负性情绪组：$t(29) = 0.79, p = 0.434$, Cohen's $d = 0.14$）。这些结果证实内疚和羞耻分别是内疚条件和羞耻条件中的主导情绪，而在中性条件中不是主导情绪。

死亡唤醒组和负性情绪组的回忆生动程度在内疚条件（$t(60) = 1.61, p = 0.113$, Cohen's $d = 0.41$）、羞耻条件（$t(60) = 0.56, p = 0.576$, Cohen's $d = 0.14$）或中性条件（$t(60) = 1.61, p = 0.112$, Cohen's $d = 0.41$）里均不存在显著差异）（见表7–3）。死亡唤醒组和负性情绪组回忆的事件所发生的时间在内疚条件（$t(60) = 0.53, p = 0.599$, Cohen's $d = 0.13$）、羞耻条件（$t(60) = 0.23, p = 0.818$, Cohen's $d = 0.06$）或中性条件（$t(60) = 1.37, p = 0.175$, Cohen's $d = 0.35$）里均不存在显著差异）（见表7–4）。这些结果表明回忆生动程度和回忆事件所发生的时间在死亡唤醒组和负性情绪组之间是匹配的。

表 7-3 死亡唤醒组和负性情绪组回忆生动程度评分的均值和标准差

组别	内疚条件	羞耻条件	中性条件
死亡唤醒组	6.39 ± 1.63	6.45 ± 1.68	5.58 ± 1.93
负性情绪组	7.02 ± 1.42	6.68 ± 1.53	6.38 ± 2.00

表 7-4 死亡唤醒组和负性情绪组回忆的事件所发生的时间（多少周以前）的均值和标准差

组别	内疚条件	羞耻条件	中性条件
死亡唤醒组	39.43 ± 32.20	41.26 ± 41.97	10.84 ± 17.06
负性情绪组	34.83 ± 36.17	39.00 ± 34.06	6.09 ± 8.45

分析发现，内疚评分的改变程度在死亡唤醒组和负性情绪组间存在显著差异（死亡唤醒组：平均数为 −0.15，标准差为 1.89; 负性情绪组：平均数为 −1.07，标准差为 1.54; $t(60) = 2.09, p = 0.040$, Cohen's $d = 0.52$）（见图 7-3A）。虽然相比于负性情绪组，死亡唤醒组的羞耻评分的改变程度更加正性，但组间差异没有呈现显著（死亡唤醒组：平均数为 0.48，标准差为 1.52；负性情绪组：平均数为 0.12，标准差为 2.48；$t(60) = 0.70, p = 0.488$, Cohen's $d = 0.08$）（见图 7-3C）。该结果确认了死亡唤醒对主观内疚体验的影响。此外，在所有被试中，死亡接近程度评分与内疚评分的改变程度的相关性显著（$r(62) = 0.31, p = 0.015$）（见图 7-3B 和表 7-5），死亡接近程度评分与内疚评分的改变程度的相关性不显著（$r(62) = 0.15, p = 0.254$）（见图 7-3D）。死亡恐惧程度评分与内疚评分的改变程度或羞耻评分的改变程度均不相关（见表 7-5）。

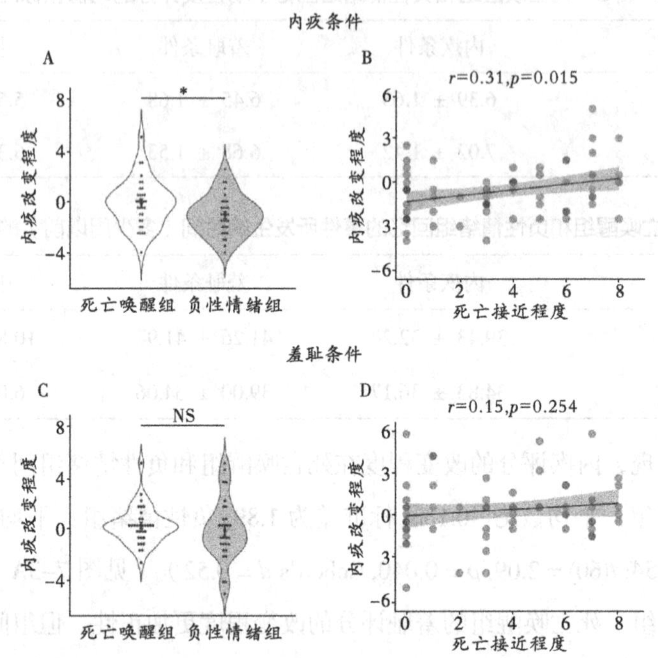

图 7-3 内疚和羞耻评分。A & C) 内疚和羞耻情绪评分改变程度的平均数和标准误。B & D) 死亡接近程度与内疚和羞耻情绪评分改变程度的相关。黑线为回归线，灰色阴影表示 95% 置信区间。$^*p < 0.05$，NS 表示不显著。

表 7-5 死亡相关的评分与内疚评分的改变程度和羞耻评分的改变程度的相关

死亡相关的评分	内疚评分的改变程度		羞耻评分的改变程度	
	r	p	r	p
死亡接近程度	0.308*	0.015	0.147	0.254
死亡恐惧程度	0.008	0.949	–0.01	0.937

注：$^*p < 0.05$。

此外，组别（死亡唤醒 vs. 负性情绪）和情绪条件（内疚 vs. 羞耻）对情绪评分改变程度的交互作用不显著（$F(1,60) = 0.08, p=0.362$, 偏 $\eta^2 = 0.014$）（见图 7-4A）。死亡接近程度与情绪改变程度的相关在内疚条件和羞耻条件之间的差异不显著（$z=1.08, p= 0.139$）（见图 7-4B）。死亡恐惧程度与情绪改变程度的相关在内疚条件和羞耻条件之间的差异也不显著（$z=0.12, p=0.454$）。在暗示死亡唤醒对内疚和羞耻主观体验的影响是相似的，不过死亡唤醒对羞耻主观体验影响的效应量会小一些。

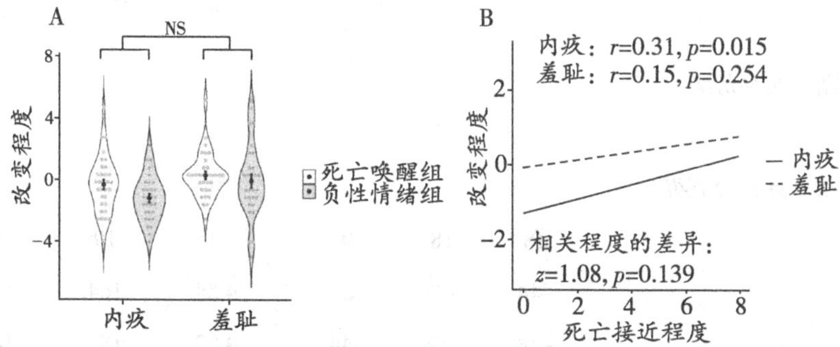

图 7-4　比较死亡唤醒对内疚与羞耻改变程度的影响。A) 组别和情绪条件对情绪评分改变程度的交互作用不显著。B) 死亡接近程度与情绪改变程度的相关在内疚条件和羞耻条件之间差异不显著。NS 表示不显著。

（二）单变量激活分析结果

与前人的发现一致 (Han et al., 2010; Klackl et al., 2014; Shi & Han, 2013)，小体积校正的结果（脑岛区域依据 AAL3 模板被定义）表明，在陈述阅读任务中，相比于负性情绪组，死亡唤醒组的脑岛激活程度显著更低（见图 7-5 和表 7-6）。当脑岛区域是依据 Brodmann 分区模板或 Neurosynth 的元分析结果图被定义时，之前的结论依然成立（见表 7-7）。此外，全脑范围的分析结果显示，相比于负性情绪组，死亡唤醒组的颞中回和小脑的激活程度也更低（见表 7-6）。

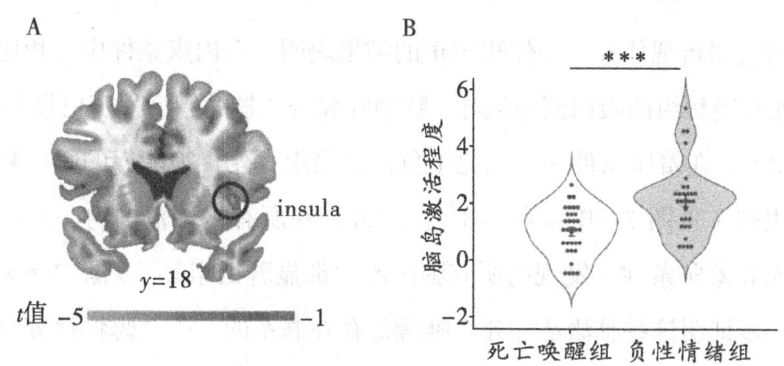

图 7-5　陈述阅读任务的脑激活结果。A) 死亡唤醒组的脑岛（insula）激活显著低于负性情绪组。B) 死亡唤醒组和负性情绪组脑岛激活值的平均数和标准误。***$p < 0.001$。

表 7-6　死亡唤醒组和负性情绪组在陈述阅读任务中的脑激活差异结果

脑区 / 对比	MNI 坐标			t 值	体素	p_{FWE}
	x	y	z			
死亡唤醒组 > 负性情绪组						
无	–	–	–	–	–	–
负性情绪组 > 死亡唤醒组						
* 脑岛	38	18	0	4.15	19	0.044
颞中回	–44	–78	8	4.54	164	0.004
小脑	–38	–68	–44	4.93	182	0.002

注：在体素水平上未校正 $p < 0.001$，以及在团块水平上 FWE 校正 $p < 0.05$。* 小体积校正，否则为全脑校正。

表 7-7　陈述阅读任务中，不同方式定义脑岛区域时，进行小体积校正分析的结果

脑岛定义方式	脑区	MNI 坐标			t 值	体素	p_{FWE}
		x	y	z			
依据 AAL3	*Insula	38	18	0	4.15	19	0.044
依据 Brodmann 分区	*Insula	38	18	0	4.26	14	0.049
依据 Neurosynth	*Insula	40	18	–2	4.03	13	0.023

注：在体素水平上未校正 $p < 0.001$，以及在团块水平上 FWE 校正 $p < 0.05$。* 小体积校正。

针对情绪再现任务，小体积校正的结果表明，在内疚条件中，相比于负性情绪组，死亡唤醒组的腹内侧前额叶、眶额叶和杏仁核的激活程度更强（见图 7–6A 和表 7–8）；在羞耻条件中，相比于负性情绪组，死亡唤醒组的腹内侧前额叶激活程度更强（见图 7–6B 和表 7–8）。此外，在所有被试范围内，死亡接近评分与在内疚和羞耻条件下发现的所有脑区激活都显著正相关（见图 7–6）。该相关结果进一步证明这些脑激活和死亡唤醒是存在联系的。死亡恐惧评分只和羞耻条件下发现的腹内侧前额叶的激活存在相关（见表 7–9）。

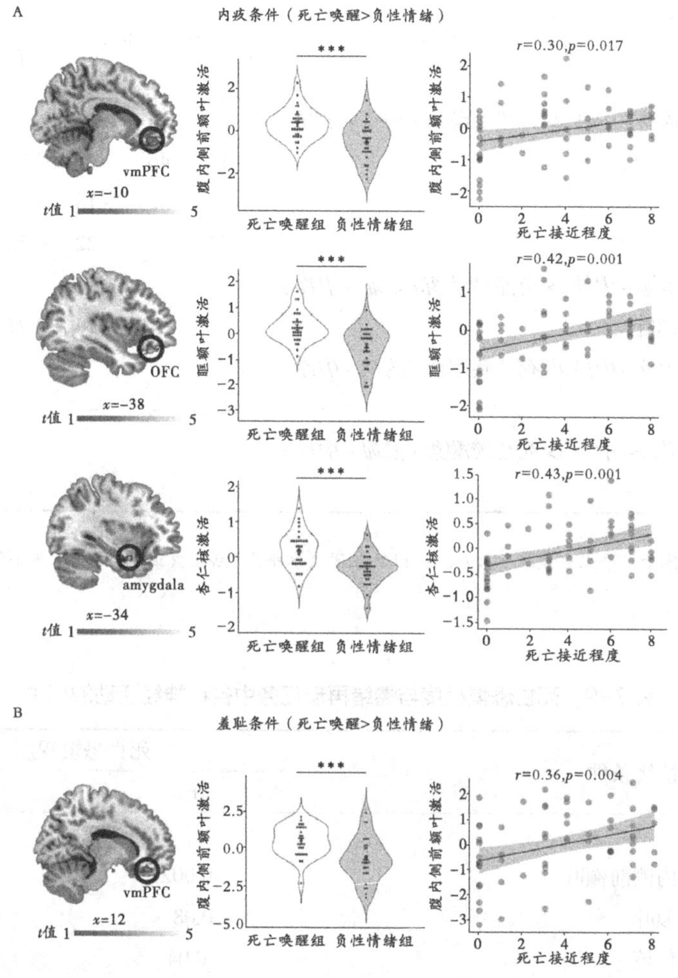

图 7-6　情绪再现任务的脑激活结果。A) 内疚条件中的脑激活结果。左侧图片：死亡唤醒组的腹内侧前额叶（vmPFC）、眶额叶（OFC）和杏仁核（amygdala）的激活程度显著高于负性情绪组。中间图片：死亡唤醒组和负性情绪组腹内侧前额叶、眶额叶和杏仁核激活值的平均数和标准误。右侧图片：死亡接近程度评分与腹内侧前额叶、眶额叶和杏仁核激活值显著相关。B) 羞耻条件中的脑激活结果。左侧图片：死亡唤醒组的腹内侧前额叶（vmPFC）的激活程度显著高于负性情绪组。中间图片：死亡唤醒组和负性情绪组腹内侧前额叶的激活值的平均数和标准误。右侧图片：死亡接近程度评分与腹内侧前额叶激活值显著相关。黑线为回归线，灰色阴影表示 95% 置信区间。***$p < 0.001$。

表 7-8　死亡唤醒组和负性情绪组在情绪再现任务中的脑激活结果

脑区 / 对比	MNI 坐标			t 值	体素	p_{FWE}
	x	y	z			
死亡唤醒组（内疚－中性）> 负性情绪组（内疚－中性）						
* 腹内侧前额叶	−10	46	−20	4.07	15	0.021
* 眶额叶	−40	32	−18	4.27	7	0.038
* 杏仁核	−34	2	−22	4.55	15	0.021
死亡唤醒组（羞耻－中性）> 负性情绪组（羞耻－中性）						
* 腹内侧前额叶	−2	34	−14	3.91	11	0.028
负性情绪组（内疚－中性）> 死亡唤醒组（内疚－中性）						
无	–	–	–	–	–	–
负性情绪组（羞耻－中性）> 死亡唤醒组（羞耻－中性）						
无	–	–	–	–	–	–

注：在体素水平上未校正 $p < 0.001$，以及在团块水平上 FWE 校正 $p < 0.05$；* 小体积校正，否则为全脑校正。

表 7-9　死亡恐惧程度与情绪再现任务中各种神经活动的相关

脑神经活动 / 情绪条件	死亡恐惧程度	
	r	p
内疚条件		
脑激活：腹内侧前额叶	−0.002	0.978
脑激活：眶额叶	0.08	0.563
脑激活：杏仁核	−0.04	0.754
羞耻条件		
脑激活：腹内侧前额叶	0.26*	0.038
脑功能连接：腹内侧前额叶和楔前叶	−0.22	0.085
脑功能连接：腹内侧前额叶和后扣带回	−0.07	0.578

注：$^*p < 0.05$。

组别和情绪条件对上述四个团块的脑激活程度的交互作用均不显著（来自内疚条件的腹内侧前额叶团块：$F(1,60) = 2.58, p = 0.114$, 偏 $\eta^2 = 0.041$；眶额叶团块：$F(1,60) = 1.50, p = 0.226$, 偏 $\eta^2 = 0.024$；杏仁核团块：$F(1,60) = 0.55, p =$

0.463, 偏 η^2 =0.009；来自羞耻条件的腹内侧前额叶团块：F(1,60) = 0.25, p = 0.619, 偏 η^2 =0.004）（见图 7–7A）。死亡接近程度与上述四个团块的脑激活程度的相关在内疚条件和羞耻条件之间的差异均不显著（来自内疚条件的腹内侧前额叶团块：z =0.08, p =0.466；眶额叶团块：z = 1.42, p = 0.077；杏仁核团块：z=0.55, p =0.291；来自羞耻条件的腹内侧前额叶团块：z = 1.42, p = 0.078）（见图 7–7B）。死亡恐惧程度与上述四个团块的脑激活程度的相关在内疚条件和羞耻条件之间的差异均不显著（来自内疚条件的腹内侧前额叶团块：z = 1.43, p = 0.076；眶额叶团块：z = 1.27, p = 0.102；杏仁核团块：z = 1.15, p = 0.124；来自羞耻条件的腹内侧前额叶团块：z = 1.61, p = 0.054）。这些结果表明死亡唤醒对脑激活的影响在内疚条件和羞耻条件之间不存在显著差异。

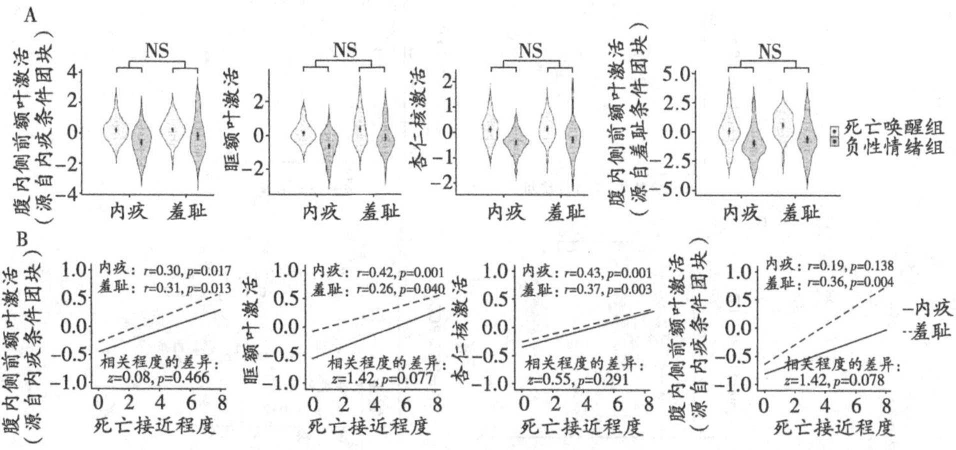

图 7–7　比较死亡唤醒对脑激活程度的影响在内疚条件与羞耻条件之间的差异。A) 组别和情绪条件对脑激活程度的交互作用不显著。B) 死亡接近程度与脑激活程度的相关在内疚条件和羞耻条件之间差异不显著。

（三）心理生理交互作用分析结果

在内疚条件中，没有脑功能连接在组间存在显著差异。在羞耻条件中，死亡唤醒组的腹内侧前额叶和楔前叶连接、腹内侧前额叶和后扣带回连接的强度要显著弱于负性情绪组（全脑校正；见图 7–8 和表 7–10）。在所有被试范围内，死亡接近程度与腹内侧前额叶和楔前叶连接、腹内侧前额叶和后扣带回连接的强度都显著负相关（见图 7–8B）。死亡恐惧程度与腹内侧前额叶和楔前叶连接、腹内侧前额叶和后扣带回连接的强度不相关（见表 7–10）。

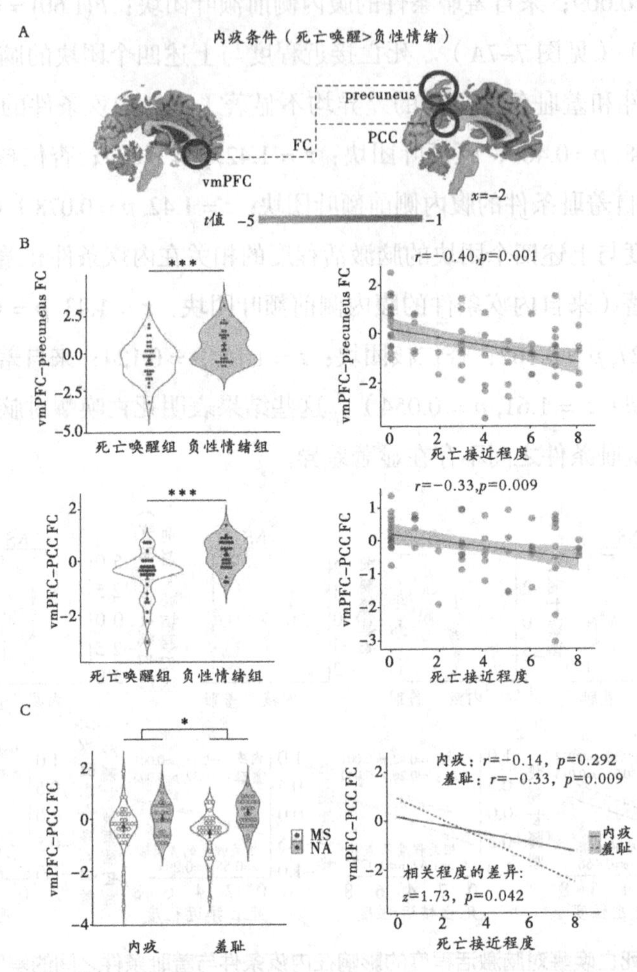

图 7-8 情绪再现任务的脑功能连接结果。A）羞耻条件中，死亡唤醒组的腹内侧前额叶和楔前叶连接、腹内侧前额叶和后扣带回连接的强度要显著弱于负性情绪组。B）羞耻条件中的脑功能连接结果。左侧图片：死亡唤醒组和负性情绪组腹内侧前额叶和楔前叶连接、腹内侧前额叶和后扣带回连接强度的平均数和标准误。右侧图片：死亡接近程度评分与腹内侧前额叶和楔前叶连接、腹内侧前额叶和后扣带回连接的强度显著相关；黑线为回归线，灰色阴影表示 95% 置信区间。C）左侧图片：组别和情绪条件对腹内侧前额叶和后扣带回连接强度的交互作用显著。右侧图片：死亡接近程度与腹内侧前额叶和后扣带回连接强度的相关在内疚条件和羞耻条件之间差异显著。$*p < 0.05$, $***p < 0.001$。FC 表示功能连接。

表 7–10　死亡唤醒组和负性情绪组在情绪再现任务中的脑功能连接结果

脑功能连接 / 对比	MNI 坐标			t 值	体素	p_{FWE}
	x	y	z			
死亡唤醒组（内疚 – 中性）> 负性情绪组（内疚 – 中性）						
无	–	–	–	–	–	–
死亡唤醒组（羞耻 – 中性）> 负性情绪组（羞耻 – 中性）						
无	–	–	–	–	–	–
负性情绪组（内疚 – 中性）> 死亡唤醒组（内疚 – 中性）						
无	–	–	–	–	–	–
负性情绪组（羞耻 – 中性）> 死亡唤醒组（羞耻 – 中性）						
腹内侧前额叶和楔前叶	–2	–50	72	4.57	180	0.002
腹内侧前额叶和后扣带回	–2	–52	20	4.18	171	0.002

注：在体素水平上未校正 $p < 0.001$，以及在团块水平上 FWE 校正 $p < 0.05$；全脑范围校正。

组别和情绪条件对腹内侧前额叶和后扣带回连接强度的交互作用显著（$F(1,60) = 6.87, p = 0.011$, 偏 $\eta^2 = 0.103$）（见图 7–8C），但对腹内侧前额叶和楔前叶连接强度的交互作用不显著（$F(1,60) = 1.63, p = 0.207$, 偏 $\eta^2 = 0.026$）。死亡接近程度与腹内侧前额叶和后扣带回连接强度的相关在内疚条件和羞耻条件之间的差异显著（$z = 1.73, p = 0.042$）（见图 7–8C），但死亡接近程度与腹内侧前额叶和楔前叶连接强度的相关在内疚条件和羞耻条件之间的差异不显著（$z = 1.26, p = 0.103$）。该结果表明，在羞耻条件中死亡唤醒对腹内侧前额叶和后扣带回连接存在着独特的影响。死亡接近程度与腹内侧前额叶和后扣带回连接、腹内侧前额叶和楔前叶连接强度的相关在内疚条件和羞耻条件之间的差异不显著（$z = 0.92, p = 0.178$; $z = 0.56, p = 0.289$）。

（四）动态因果模型分析结果

在模型家族水平上，家族 1 对于所有被试、死亡唤醒组被试或负性情绪组被试来说都是最优的（见图 7–9）。在单个模型水平上，家族 1 的模型 1 对于所有被试、死亡唤醒组被试或负性情绪组被试来说都是最优的。该结果表明腹内侧前额叶和楔前叶、腹内侧前额叶和后扣带回的固有连接是双边连接，且羞耻和中性条件的调节作用发生在所有的固有连接上。因此，没有证据表明死亡唤醒会改变腹内侧前额叶和楔前叶、腹内侧前额叶和后扣带回的连接方向。

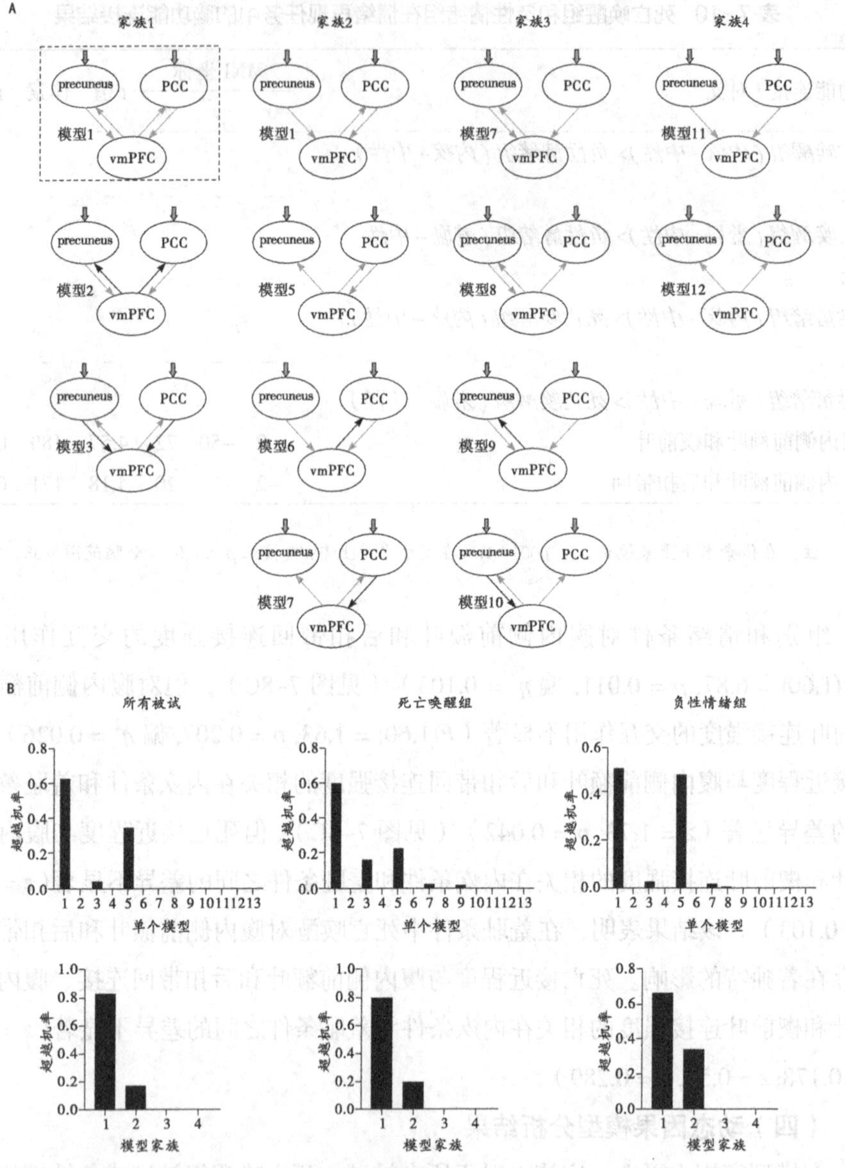

图 7–9 动态因果模型结果。A）动态因果模型结构图（包括 4 个模型家族和 13 个独立模型）。灰色粗箭头表示模型的输入。灰色细箭头和黑色细箭头分别表示固有连接上存在和不存在调节作用。虚线框表示了本研究所发现的最优模型。该模型显示腹内侧前额叶（vmPFC）与楔前叶（precuneus）和后扣带回（PCC）之间存在双向连接。B）贝叶斯模型选择。从左到到右的图片依次展现了单个模型或模型家族在所有被试、死亡唤醒组和负性情绪组的超越机率。

（五）近端防御和远端防御结果

内疚条件中，被试在陈述阅读任务（启动阶段）的脑岛激活可以预测后面情绪再现任务的杏仁核激活，但无法预测腹内侧前额叶或眶额叶的激活（见图 7–10A 和表 7–11）。羞耻条件中，被试在陈述阅读任务的脑岛激活可以预测后面情绪再现任务的腹内侧前额叶激活、腹内侧前额叶和楔前叶的功能连接，但无法预测腹内侧前额叶和后扣带回的功能连接（见图 7–10B 和表 7–11）。基于启动阶段的脑岛激活是近端防御的指标，而情绪再现任务中的脑活动是远端防御的指标，这些结果表明近端防御和远端防御是部分相关的。

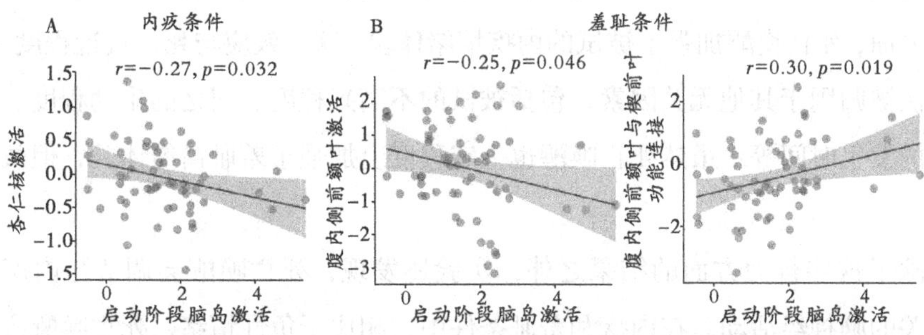

图 7–10　陈述阅读任务（启动阶段）的脑岛与情绪再现任务的各种脑活动的相关。A) 内疚条件中，被试在陈述阅读任务（启动阶段）的脑岛激活可以预测后面情绪再现任务的杏仁核激活。B) 羞耻条件中，被试在陈述阅读任务的脑岛激活可以预测后面情绪再现任务的腹内侧前额叶激活、腹内侧前额叶和楔前叶的功能连接。黑线为回归线，灰色阴影表示95% 置信区间。

表 7–11　陈述阅读任务中的脑岛激活和情绪再现任务中的脑神经活动的相关

情绪再现任务中的脑神经活动 / 情绪调节	陈述阅读任务中的脑岛激活	
	r	*p*
内疚条件		
脑激活：腹内侧前额叶	–0.09	0.511
脑激活：眶额叶	–0.18	0.152
脑激活：杏仁核	–0.27*	0.032
羞耻条件		
脑激活：腹内侧前额叶	–0.25*	0.046
脑功能连接：腹内侧前额叶和楔前叶	0.30*	0.019
脑功能连接：腹内侧前额叶和后扣带回	0.12	0.347

注：$^*p < 0.05$。

第三节　研究五讨论

研究五探究了死亡唤醒对内疚和羞耻的影响以及其底层的神经机制。在行为结果方面，死亡唤醒加强了被试的内疚情绪体验。这一效应与死亡接近程度有关，且无法被归因于其他无关因素，包括被试的不高兴程度、回忆的生动程度、回忆事件的发生时间等。虽然死亡唤醒也一定程度上加强了羞耻情绪体验，但效应不显著。

除了这些行为方面的结果之外，实验还发现，死亡唤醒会调节与内疚和羞耻有关的脑神经活动。在内疚和羞耻条件中，相比于负性情绪，死亡唤醒会增加与自我参照加工有关的脑区激活（腹内侧前额叶）(Northoff et al., 2006)。通常，对自我特征的反省会激活腹内侧前额叶 (Kelley et al., 2002; Liu et al., 2017; Macrae, Moran, Heatherton, Banfield, & Kelley, 2004)。许多研究都发现腹内侧前额叶的活动与内疚和羞耻有关 (Bastin et al., 2016; Beer, Heerey, Keltner, Scabini, & Knight, 2003; Morey et al., 2012; Seara-Cardoso et al., 2016; Zahn et al., 2009)。本实验的结果表明死亡唤醒会促使个体在回忆内疚和羞耻事件时进行自我反省。

在内疚条件而非羞耻条件中，相比于负性情绪，死亡唤醒会增加与执行控制有关的脑区激活（眶额叶）(Feng et al., 2018)。眶额叶会负责抑制自私冲动，以及最大化长期利益 (Koechlin, Ody, & Kouneiher, 2003; Miller, 2000; Windmann et al., 2006)。前人研究发现内疚情绪会特异性地激活眶额叶，而羞耻情绪不会显著影响眶额叶活动 (Wagner et al., 2011; Zhu, Feng, et al., 2019)。眶额叶的活动被认为与抑制自私倾向和准备好补偿受害者有关 (Wagner et al., 2011; Zhu, Feng, et al., 2019)。由于在道德违规后处于羞耻状态的个体更倾向于逃跑而非补偿 (Tangney &

Dearing, 2003)，羞耻没有表现出与执行控制有关的脑区活动的相关(如：眶额叶)。本实验的结果表明死亡唤醒会增强个体在回忆内疚事件时的执行控制力，可能有助于促进个体做出补偿行为。

在内疚条件而非羞耻条件中，相比于负性情绪，死亡唤醒会增加与情绪加工有关的脑区激活（杏仁核）(Lindquist et al., 2012)。大量研究表明杏仁核会参与各种情绪体验 (Murphy, Nimmo-Smith, & Lawrence, 2003; Phan, Wager, Taylor, & Liberzon, 2002)，包括内疚和羞耻 (Göttlich et al., 2020; Petra Michl et al., 2014; Whittle, Liu, Bastin, Harrison, & Davey, 2016b)。本实验的结果表明死亡唤醒会在神经层面上增强内疚情绪体验。

此外，在羞耻条件而非内疚条件中，相比于负性情绪，死亡唤醒会减弱腹内侧前额叶和楔前叶、腹内侧前额叶和后扣带回的功能连接。这些皮层中线结构（腹内侧前额叶 / 前扣带回、背内侧前额叶、后扣带回 / 楔前叶）在自我参照加工中会各自负责特定专属功能 (Northoff & Bermpohl, 2004; Northoff et al., 2006)。例如，腹内侧前额叶会负责整合认知和情绪信息，并把所编码的刺激与自我联系起来 (Northoff & Bermpohl, 2004; Schmitz & Johnson, 2007; Van Overwalle et al., 2019)；后扣带回 / 楔前叶则负责把外部信息与自传体记忆整合在一起 (Bahk & Choi, 2018; Summerfield et al., 2009)。前人研究发现，个体在进行自我参照加工时，皮层中线结构之间的功能连接会减弱 (van Buuren et al., 2010, 2012)。这种功能连接的模式可能对于实现自我参照加工的各个特定专属功能具有重要意义 (van Buuren et al., 2010, 2012)。本实验的结果显示，在羞耻条件中，死亡唤醒会通过减弱皮层中线结构的功能连接，来增强自我参照加工。

本研究还在行为和神经两个层面上比较了死亡唤醒对内疚和羞耻的影响。死亡唤醒对被试自我报告的情绪评分、脑激活和部分脑功能连接的影响在内疚条件和羞耻条件之间不存在显著差异。这展现出了死亡唤醒对内疚和羞耻影响的相似性。值得注意的时，相比于内疚条件，在羞耻条件中死亡唤醒会更大程度地降低腹内侧前额叶和后扣带回的功能连接。这显示了死亡唤醒对羞耻的独特影响，且一定程度上切合前人关于内疚和羞耻在自我参照加工方面存在差异的发现

(Tangney & Dearing, 2003; Zhu, Feng, et al., 2019; Zhu, Wu, et al., 2019)。

本研究所发现的死亡唤醒对内疚和羞耻的影响是远端防御重要组成部分。在与死亡有关的潜意识的影响下，个体会重新评估过去的不道德事件，并且体验到更强烈的内疚和羞耻情绪。内疚和羞耻会在心理层面帮助个体准备好做出道德行为 (Chang et al., 2011; Sznycer, 2019; Sznycer et al., 2016; Tangney et al., 2007a)。由于道德规范是文化世界观的重要成分 (Gailliot et al., 2008; Kesebir & Pyszczynski, 2012)，做出道德行为有助于捍卫个体的文化世界观并增强个体的自尊。本研究在行为和神经两个层面提供了死亡唤醒会影响道德情绪的实证证据，并且依据恐惧管理理论为这一影响提供了理论解释 (Florian & Mikulincer, 1997; Greenberg et al., 1986; Pyszczynski et al., 1999)。

经历内疚和羞耻体验的个体会自我指责，且可能会有较低的（道德）自尊 (Lewis, 1971; Tangney & Dearing, 2003)。考虑到远端防御的功能应该是增强自尊，乍一看，本实验所发现的死亡唤醒增强内疚和羞耻的结果似乎出人意料。需要注意的是，被增强的内疚和羞耻体验并不是远端防御的最后一步。前人研究发现，内疚和羞耻会促进各式各样的道德行为，包括道歉、补偿、自我惩罚 (Haidt, 2003; Sznycer, 2019; Tangney et al., 2007a; Zhu et al., 2017)。这些道德行为一方面会减缓个体的内疚和羞耻 (Bastian et al., 2011; Glucklich, 2001)；另一方面会让被试觉得自身得到了净化，自己的罪行得到了弥补，并重塑其道德自我 (Glucklich, 2001; Monin & Jordan, 2009; Nelissen & Zeelenberg, 2009)。内疚和羞耻所促进的道德行为（而非内疚和羞耻本身）有助于维护个体的文化世界观。虽然本实验没有直接检测内疚和羞耻是否会促进道德行为，但是已有大量的研究证实了这一效应 (de Hooge et al., 2008, 2007; Gao et al., 2018; Ghorbani et al., 2013; H. Yu et al., 2014)。未来的研究可以考虑通过研究死亡唤醒对道德情绪和道德行为的影响，来研究完整的从死亡唤醒至被加强的的文化世界观和自信的传导链条。

与前人的结果一致，本实验发现死亡唤醒会在陈述阅读任务中降低脑岛的激活强度 (Han et al., 2010; Klackl et al., 2014; Luo et al., 2019; Shi & Han, 2013)。这表明死亡唤醒会在初期阶段抑制个体的情感自我意识 (Lemogne et al., 2011; Northoff

& Bermpohl, 2004; Northoff et al., 2006)，这说明近端防御是存在的。此外，以陈述阅读任务中脑岛的激活作为近端防御的指标，以情绪再现任务中的神经活动为远端防御的指标，实验显示近端防御可以部分预测远端防御。

本研究认为脑岛的激活程度是反映近端防御的可靠指标。因为大量研究一致表明，当个体正在加工与死亡有关的信息时，脑岛的激活程度会下降 (Han et al., 2010; Klackl et al., 2014; Luo et al., 2019; Shi & Han, 2013)。然而，关于其他脑区的活动情况则在不同研究间存在直接矛盾。比如：有的研究发现死亡唤醒会增强前扣带回的活动，有的则表明死亡唤醒会减弱前扣带回的激活 (Luo et al., 2019; Quirin et al., 2012)。与本实验结果一致，Luo et al. (2019) 也发现阅读死亡相关信息阶段的脑区活动可以预测随后的学习任务中的脑区激活。不过，不论是 Luo et al. (2019) 还是其他研究者都没有将他们的实验发现与近端防御和远端联系起来，没有将实验结果与理论进行关联。本研究认为阅读死亡相关信息阶段的脑区活动和随后任务中的脑区活动可以分别用来作为近端防御和远端防御的指标。考虑到行为实验面临的一大问题就是无法对近端防御和远端防御进行量化，明确指出神经指标和近端防御和远端防御的联系有助于重燃研究者们的兴趣，并启迪未来的研究。本研究的结果与 Luo et al. (2019) 的发现一道表明，展现出更强的近端防御的个体也会有更强的远端防御。换句话说，一个面对死亡相关的信息做出越大反应的个体，随后会更倾向于用文化世界观和自尊来武装自己，以抵御死亡焦虑。

不少研究表明，死亡接近程度而非死亡恐惧程度促使了对死亡焦虑的管理 (Pyszczynski et al., 1999)。死亡接近程度是检验死亡唤醒是否成功的重要指标 (Feng et al., 2017; Luo et al., 2019)。本实验发现死亡接近程度和内疚情绪以及一系列情绪再现任务中的神经活动显著相关。它们表明本实验在内疚情绪和神经活动上所发现的组间差异确实是与死亡唤醒有关的。相较之下，死亡恐惧程度（可能是死亡接近程度的副产物）与内疚情绪不存在显著相关，且只与极少数神经活动相关。这些发现与前人的论断一致。即个体可能尝试去管理死亡恐惧，即使其没有切实的体验到它 (Pyszczynski et al., 1999)。

尽管死亡唤醒显著增加了与羞耻有关的神经活动，但死亡唤醒组和负性情绪

组在自我报告的羞耻情绪评分上的差异没有达到显著。这种情况经常发生在研究高级认知和情绪（如：共情）的功能磁共振实验里 (Luo et al., 2014; Sheng & Han, 2012; Xu, Zuo, Wang, & Han, 2009)。这暗示相比于被试的主观评分，功能磁共振信号可能对负责的情绪（如：羞耻）更加敏感 (Luo et al., 2014)。另一个可能的解释是，在本实验中，死亡唤醒加强了与羞耻的认知成分有关的神经活动（腹内侧前额叶激活；自我参照加工），但没有加强与羞耻的情绪成分有关的神经活动（杏仁核激活；情绪体验）。那么，在羞耻条件中，死亡唤醒可能促进了个体的自我反省，但没有增强相关的负性情绪体验。

虽然心理理论加工是内疚和羞耻的重要心理成分，但在本实验中没有发现死亡唤醒对相关神经活动的显著影响。一个可能的原因是，本实验使用了回忆范式来诱发内疚和羞耻。被试可能是直接从他们的记忆中提取想法和情绪体验，而无需再次进行心理理论加工。未来可能需要使用人际互动范式来研究死亡唤醒对内疚和羞耻的影响 (Z. Li et al., 2020; H. Yu et al., 2020; Zhu, Feng, et al., 2019)。

有两个研究曾经使用想象范式去检验死亡唤醒对内疚的影响 (Arndt, Greenberg, Pyszczynski, Solomon, & Schimel, 1999; Harrison & Mallett, 2013)。它们发现当个体想象自己做了一些与他人不同的事情（参与创新）时 (Arndt et al., 1999) 或是个体觉得自己所属的群体破坏了生态环境时 (Harrison & Mallett, 2013)，死亡唤醒会加强个体的内疚情绪。然而，近期的功能磁共振成像研究表明，相比于回忆范式，想象范式可能无法特别有效地诱发内疚 (Mclatchie et al., 2016)。想象范式引发的只是一些有关内疚的预期想法，但无法诱发强烈的内疚负性情绪体验 (Mclatchie et al., 2016)。与前人的研究不同，本研究利用回忆范式检验死亡唤醒对内疚的影响，并将这种检验推进到了神经层面。另外，据作者了解，本研究是首次探究死亡唤醒对羞耻的作用的研究。

道德情绪（如：内疚和羞耻）与个体所处的文化环境紧密相关 (O. A. Bedford, 2004)。死亡唤醒的作用也依赖于个体所属的文化 (Bedford & Hwang, 2003; Luo, Yu, & Han, 2017; Pyszczynski & Kesebir, 2012)。因此，文化差异很有可能会调整死亡唤醒对内疚和羞耻的作用。本实验的被试来自强调集体主义价值观的中国。未来的研究可以尝试探索个体主义和集体主义是如何影响死亡唤醒对内疚和羞耻的作用的。

与研究三和研究四使用人际互动范式诱发内疚和羞耻不同，本研究采用的是回忆范式。这主要是基于两方面的考虑 ：一是人际互动范式的实验流程较为复杂，在此基础之上增加死亡唤醒的操作可能使得实验时间过长，让被试产生疲劳感，降低实验效应；二是在现实生活中产生过死亡唤醒和个体回忆内疚和羞耻事件两者的关系十分密切，许多产生过死亡体验感觉的老兵和抑郁症患者常常因为回忆过去特定事件而被强烈的内疚和羞耻所折磨 (Bryan, Morrow, Etienne, & Ray-Sannerud, 2013; Bryan et al., 2015; Kim, Thibodeau, & Jorgensen, 2011)。因此，使用回忆范式去研究死亡唤醒对内疚和羞耻的影响会更具有现实意义。比如，本研究的发现为老兵和抑郁症患者为什么会内疚和羞耻方面的问题提供了一种解释，即死亡唤醒会增强这类群体的内疚和羞耻体验。那么，提供减少死亡焦虑的措施（增加社会互动与连接）(Wisman & Koole, 2003) 可能会对缓解内疚和羞耻有所帮助。

另外，缺乏内疚和羞耻可能导致道德违规行为，甚至犯罪 (Tangney, Stuewig, & Hafez, 2011; Tangney et al., 2014)。对于某些群体（如：屡教不改的被看押犯人），可能有必要加强其内疚和羞耻。已有的研究主要关注如何缓解内疚 (Finlay, 2015; Krishnamoorthy, Davis, O'Donovan, McDermott, & Mullens, 2021)。本研究则表明，死亡唤醒可能是一种可以增强内疚和羞耻的备选手段。不过需要声明的是，任何调控道德情绪的措施都应该谨慎使用 (Finlay, 2015)。

本研究的一个局限在于没有测量被试进行陈述阅读任务之前的神经反应作为基线。因此，功能磁共振成像的结果可能一定程度上会受到个体差异的影响。据作者所知，绝大多数关于死亡唤醒的功能磁共振成像研究都没有测量神经反应的基线 (Feng et al., 2017; Guan et al., 2020; Li et al., 2015; Luo et al., 2014; Quirin et al., 2012; Shi & Han, 2018; Silveira et al., 2014)。这是权衡了测量基线的信息价值和其所需的金钱与时间后的选择。与前人们的研究一致，本研究做出了类似的选择。由此，本研究符合当前有关死亡唤醒的磁共振成像实验的研究标准。未来的研究，在条件允许的情况下，可以考虑测量神经反应的基线。

总的来说，本研究表明死亡唤醒会增强被试主观报告的内疚体验，并通过不同的神经机制（不同程度的改变与自我参照加工有关的功能连接）去调节与内疚和羞耻有关的神经活动。该结果间接表明内疚和羞耻两种情绪在自我参照加工上存在差异，支持了关注点理论。

第八章

研究总讨论、创新与展望

第一节　研究总讨论

通过五个研究十二个实验，我们对内疚与羞耻的心理和认知神经机制进行了探究。研究一和研究二以进化心理学视角为切入点，以情绪功能主义和代价收益理论为指导，尝试在前人研究的基础上，更全面地了解与内疚和羞耻有关的心理、认知、情绪与行为。在研究一中，重复了前人关于受损关系的人际效用会影响个体的内疚感受的结果 (Nelissen, 2014)，并进一步发现内疚中介人际效用对个体自我惩罚的影响，即人际效用可以通过内疚来影响自我惩罚。另外，研究一还发现，受害者更倾向于原谅做出自我惩罚的个体，并且，个体的自我惩罚所花费的代价越大，受害者原谅该个体的倾向性也越强。通过对这些结果进行分析，可以发现：（1）内疚确实和人际因素紧密相关，支持了内疚的社会功能在于避免个体忽视他人的利益、弥补对他人造成的伤害，以维持或修补一段有价值的人际关系的情绪功能主义观点；（2）由内疚引发的自我惩罚也与人际因素相关联，且受害者更倾向于原谅做出自我惩罚的个体，则表明自我惩罚行为的作用可能包括人际关系的修复，而不仅限于前人所提出的帮助个体缓解负性情绪，这一结果，拓宽了研究者们对自我惩罚已有的理解 (Inbar et al., 2013; Nelissen, 2011; Nelissen & Zeelenberg, 2009)；（3）一方面，人际效用会影响个体在自我惩罚时所愿意付出的代价；而另一方面，个体在自我惩罚时所付出的代价会影响受害者原谅违规者的倾向。这说明，处于内疚状态的个体在进行行为决策时，确实在进行代价收益分析。即当一段人际关系出现了破损后，个体会对维持这段关系带来的收益进行评估，维持关系的潜在收益越大，个体会越倾向于付出代价去修复这段关系。

同时，受害者也会根据个体所付出的代价来判断个体的诚意。整体来说研究一完成了对人际受损—内疚情绪—自我惩罚—关系修复这一完整关系链的探究，证明了内疚确实具有修复受损人际关系的社会功能，深化了对内疚及内疚相关行为的理解 (Zhu, Jin et al., 2017; Zhu, Shen et al., 2017)。

在研究二中，在一定条件下重复了前人关于羞耻会增加对他人愤怒的结果 (Elison et al., 2014; Tangney, Wagner, Fletcher, et al., 1992; Tangney & Dearing, 2003; Thomaes et al., 2011; Velotti et al., 2014)，并在其他条件下发现了羞耻和愤怒的新型关系，即羞耻也会控制个体对他人的愤怒。具体来说，他人对个体羞耻事件的知晓情况会影响羞耻对对他人愤怒的作用。当他人不知晓个体的羞耻事件时，伴随个体羞耻感的自责会给其带来类似于生理疼痛的负性体验 (Elison et al., 2014; Velotti et al., 2014)。这种心理上的痛苦感非常强烈，会使得个体想要尽可能地脱离这种感受 (Elison et al., 2014; Velotti et al., 2014)。个体会通过将责备外化即通过责备他人来替代否定自己的方式来降低自己的负性感受，并且这种外化可能是无意识的，其具体表现形式的一种是增加对他人的愤怒 (Elison et al., 2014; Velotti et al., 2014)。而当他人知晓个体的羞耻事件时，也就是在个体的缺陷暴露给了他人的情况下，一方面，羞耻的社会功能会督促个体采取防止他人消极评价的措施 (Sznycer et al., 2016)，在情绪上做好放弃自己的利益而给他人带来好处的准备，抑制对不公平的愤怒；另一方面，羞耻带来的负性体验，类似生理疼痛的感受，会让个体自动化地想要增加对他人愤怒。两方面的冲突最后可能表现为羞耻不会增加对他人的愤怒。在一段关系中，愤怒的潜在社会含义是要求对方在关系中付出更多。在很多情况下，这会导致对方对愤怒个体的负性评价，促使对方做出结束关系的选择。研究二的结果表明，当个体的羞耻事件暴露后，羞耻会促使个体抑制自动化的愤怒，从而避免他人的消极评价，以预防他人的社会排斥。这一发现，支持了羞耻具有抵御他人消极评价，防止被他人排斥的社会功能的观点。研究二的主要成果是发现了羞耻和愤怒的新关系模式，并且研究结果将羞耻的疼痛理论和羞耻的信息威胁理论进行了理论融合，对羞耻和愤怒的关系进行了全面的解析 (Zhu, Xu et al., 2019)。

在前人关于内疚和羞耻的研究中，研究者们主要关注的是个体内疚和羞耻时的心理活动，以及伴随着哪些行为 (Haidt, 2003; Tangney, 1995, 1996; Tangney & Dearing, 2003)。由于没有一个更高维度的理论视角，这些研究可能得到的结果主要是一些较为表浅的状态描述或是简单的情绪–行为关系。而研究一和研究二以进化心理学的视角（情绪功能主义和代价收益理论）为理论基础 (Sznycer, 2019)，尝试设计探究内疚和羞耻情绪的社会功能的实验。由于有高维度理论的指导，研究一和研究二有针对性地对内疚和羞耻在各种社会情境下的功能进行了探索，并提出了相应的理论解释。研究一主要阐明了内疚与人际效用、自我惩罚以及关系修复（原谅）之间的相互关系，通过大量的实验证据说明了内疚的社会功能在于帮助个体修复或维持一段对其具有价值的受损人际关系。研究二则是理清了羞耻与羞耻他人知晓情况和愤怒情绪之间的关系。一方面表明了伴随羞耻的疼痛属性可能会增加个体愤怒 (Elison et al., 2014; Velotti et al., 2014)，另一方面强调了在特定社会情境中羞耻也会促使个体做出预防被他人社会排斥的行为。研究二说明了，羞耻具有抵抗他人消极评价的社会功能。整体来说，研究一和研究二在进化心理学的视角的理论指导下，对内疚和羞耻的社会人际功能进行了探索，其结果深化了对内疚和羞耻的理解，并一定程度上验证了从功能主义的角度去研究道德情绪的合理性。关于研究一和研究二的理论与主要结果框架图，请见图 8–1。

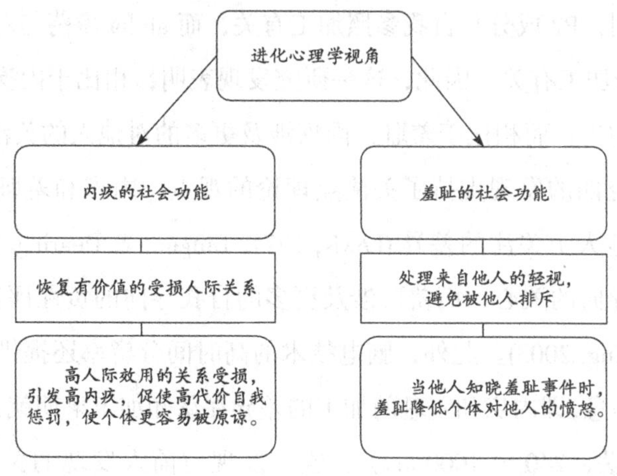

图 8–1　研究一和研究二的理论与主要结果框架图

研究一和研究二分别独立地对内疚和羞耻在外部人际关系方面的社会功能进行了探究，却缺乏对内疚和羞耻的内部心理活动的探索，也没有涉及内疚和羞耻情绪的直接比较。在研究内疚和羞耻的内部心理活动方面，前人主要依赖的是个体的自我报告和对个体的行为观察 (Tangney, 1996; Tangney & Dearing, 2003)。依据相关的实验结果，前人提出了关注点理论，相比于羞耻，内疚涉及更多的对他人的关注；而相比于内疚，羞耻涉及更多的对自我的关注 (Lewis, 1971; Tangney & Dearing, 2003)。认知神经科学的技术手段，如功能磁共振成像和脑电图，可以从脑神经活动的层面，去了解内疚和羞耻可能涉及的心理活动。然而，已有的一些利用磁共振技术研究内疚或羞耻的研究，主要采用回忆范式或想象范式来激发内疚或羞耻情绪 (Mclatchie et al., 2016; Petra Michl et al., 2014; Wagner et al., 2011)。在这两种范式下，可能会有一些与内疚和羞耻无关的心理过程（如：回忆和想象）被卷入进来。为克服上述的局限，研究三和研究四利用脑电图技术和功能磁共振成像技术，结合自主开发的人际互动范式，对内疚和羞耻的脑神经机制进行了探索，以对前人提出的关注点理论进行检验和拓展。

具体来说，研究三的行为预实验，确定了新开发的人际互动范式确实可以成功诱发内疚和羞耻情绪。结合新开发的人际互动范式，通过对脑电实验结果进行脑电成分分析和时频分析发现，相比于内疚条件，羞耻条件下，被试的 P2 成分振幅更小；相比于羞耻条件，内疚条件下被试左侧颞顶区域的 alpha 震荡更负。前人的研究表明，P2 成分与自我参照加工有关，而 alpha 震荡与对他人的注意和共情 / 心理理论加工有关。因此，这一研究发现表明，相比于内疚，羞耻涉及更多的自我参照加工；而相比于羞耻，内疚涉及更多的对他人的关注和共情 / 心理理论加工。研究四的发现支持了关注点理论的观点：内疚和羞耻的差异在于对自我和行为（他人）关注的差异 (Lewis, 1971; Tangney & Dearing, 2003)。内疚涉及更多的他人导向的关心，而羞耻涉及更多的自我导向的负性评价 (Lewis, 1971; Tangney & Dearing, 2003)。此外，脑电技术的高时间分辨率还提供了关于时间加工进程方面的信息，即内疚和羞耻的加工的差异在认知加工早期就开始出现了（P2 成分；alpha 震荡，240 ～ 1000 ms）。这一发现与前人发现的关于道德的信息

（如道德意图）可以非常快速地被加工的结果相呼应 (Decety & Cacioppo, 2012)。值得注意的是，对内疚和羞耻的快速区分，对达成与内疚和羞耻有关的社会功能非常关键。有研究者提出，内疚的社会功能在于修复和维持对个体有价值的人际关系 (Baumeister, Stillwell, & Heatherton, 1994; Carnì et al., 2013; Nelissen, 2014)；羞耻的社会功能在于保护个体的自我形象和社会声誉 (de Hooge et al., 2008, 2010; Sznycer et al., 2016)。要想实现内疚和羞耻社会功能，个体不仅仅需要正确地做出反应，还需要快速地做出反应。以内疚来说，相比于花费大量时间才做出道歉或补偿行为（暗示着迟疑和犹豫）的个体，迅速做出（内疚所促进的）弥补决定的个体，更可能得到他人的正面评价和谅解 (Critcher, Inbar, & Pizarro, 2012; Evans & van de Calseyde, 2017; Jordan, Hoffman, Nowak, & Rand, 2016; Van de Calseyde, Keren, & Zeelenberg, 2014)。以羞耻来说，相比于在羞耻情景中停滞，快速的回避更有助于个体避免将自己的缺陷暴露给更多的人 (Gausel & Leach, 2011; Sznycer et al., 2016)。换句话说，当个体的负面信息意外在公共场合中被暴露，快速产生的羞耻以及羞耻促使的回避行为，有利于让较少的人了解个体的负面情况，从而更好地保护个体的自我形象和社会声誉 (Sznycer et al., 2016)。由此，在时间上尽快对内疚和羞耻进行区分，可以帮助个体尽快采取合适的行为反应模式，对于达到预期的人际目标具有重要意义 (Zhu, Wu et al., 2019)。

研究四对新开发出的人际互动范式进行微调后，结合功能磁共振成像技术，对内疚和羞耻的脑神经机制进行了探索。单变量激活分析发现，相比于羞耻条件，内疚条件会激活与心理理论（如：颞顶联合区、缘上回）和认知控制有关的脑区（如：背外侧前额叶、腹外侧前额叶 / 眶额叶）。心理理论相关脑区的激活表明，相比于羞耻，内疚可能更多地涉及他人导向的心理理论加工，即会更加关心他人、在意他人的状态与感受。和认知控制有关的脑区激活则表明，相比于羞耻，内疚可能更多地涉及个体对自己的控制，即个体可能在控制自己自私的本能（如：不想付出成本和代价去补偿他人），以及为牺牲自己利益而对他人做出补偿做好准备 (Knoch et al., 2006, 2009; Riva et al., 2014; Strang et al., 2015)。多变量模式分析发现，除了上述脑区，一些与自我加工有关的脑区（如：背内侧前额叶 / 前扣带回）

也包含可以区分内疚和羞耻条件的信号。背外侧前额叶这一脑区会负责将他人的情况与个体自己的状态或需求相综合 (D'Argembeau et al., 2007; Rebecca Saxe et al., 2006)。多变量模式分析显示该脑区可以区分内疚和羞耻状态，说明内疚和羞耻在自我参照加工和心理理论加工的比例分配上可能存在着差异。前扣带回已被许多研究发现与自我参照加工有关 (Northoff et al., 2006)。总体来说，多变量模式分析的结果说明，内疚和羞耻之间在自我加工上确实存在着差异。上述的结果与脑电的结果一致，也支持了关注点理论 (Lewis, 1971; Tangney & Dearing, 2003)。另外，值得注意的是，单变量激活分析还发现内疚和羞耻条件会共同激活背内侧前额叶和前脑岛。前脑岛与许多负性情绪加工有关 (Craig, 2009)。前脑岛的激活可能说明，内疚和羞耻都是强烈的负性情绪。背内侧前额叶对与自我有关的信息和与他人有关的信息的综合有关，是汇总和整合信息的脑区 (D'Argembeau et al., 2007; Rebecca Saxe et al., 2006)。背内侧前额叶的激活说明，内疚和羞耻时，个体都会同时关注自我的状态和他人的情况。这一发现，一方面支持了关注点理论所主张的，内疚和羞耻时，个体既会关注自己，也会关注行为（他人）（请注意，这里的单变量激活分析的背内侧前额叶共同激活结果说明的是，内疚和羞耻都涉及自我参照加工和心理理论加工；而多变量模式识别的背内侧前额叶结果说明的是，内疚和羞耻都涉及的自我参照加工和心理理论加工的比例可能是不同的）(Lewis, 1971; Tangney & Dearing, 2003)；这一结果支持了进化心理学的观点，内疚和羞耻的社会功能是帮助个体协调和处理自己与他人的关系，因而同时需要对自我和他人进行表征 (Zhu, Feng et al., 2019)。

在研究四的基础上，研究五结合回忆范式和功能磁共振成像技术，探究了死亡唤醒调节内疚和羞耻的神经机制。单变量激活分析发现，死亡唤醒会增强内疚条件中腹内侧前额叶、眶额叶和杏仁核的激活程度，也会增强羞耻条件中腹内侧前额叶的激活程度。但在对内疚和羞耻条件的直接比较中，死亡唤醒对各个脑区的作用，并没有显著差异。此外，心理生理交互作用分析表明，死亡唤醒会减弱羞耻条件中腹内侧前额叶和楔前叶连接、腹内侧前额叶和后扣带回连接的强度。并且在对羞耻和内疚条件的直接比较中，死亡唤醒会减弱腹内侧前额叶和后扣带回连接的强度。考虑到该连接与自我参照加工联系紧密 (van Buuren et al., 2010, 2012)，该结果说明死亡唤醒在调节内疚和羞耻时，所改变的自我参照加工的程度是不同的。这间接说明了内疚和羞耻在自我参照加工方面的差异，支持了关注点理论 (Xu et al., 2022)。

前人为关注点理论提供的证据主要来自被试的自我报告和对被试的行为观察。少量的磁共振研究则使用的是存在局限性的情绪诱发范式（如想象范式）。因而，观察到的脑区激活结果比较杂乱。研究三、研究四和研究五利用自主开发出的人际互动范式和回忆范式，结合脑电和功能磁共振成像技术对内疚和羞耻的脑神经机制进行了探究。各种脑指标结果支持了前人所提出的关注点理论，即相比于羞耻，内疚涉及更多的心理理论加工；相比于内疚，羞耻涉及更多的自我参照加工。并且，在此基础之上，本文的研究结果还发现，相比于羞耻，内疚涉及更多的执行控制加工。这可能是因为，相比于羞耻，在内疚时，个体更可能需要弥补他人的损失，因而个体需要控制自己自私的冲动，为牺牲自己的利益做好准备。总体来说，该部分不仅支持了关注点理论的观点，还在执行控制方面对已有理论进行了一定的拓展，深化了对内疚和羞耻的理解。关于研究三、研究四和研究五的理论与主要结果框架图，见图 8–2。

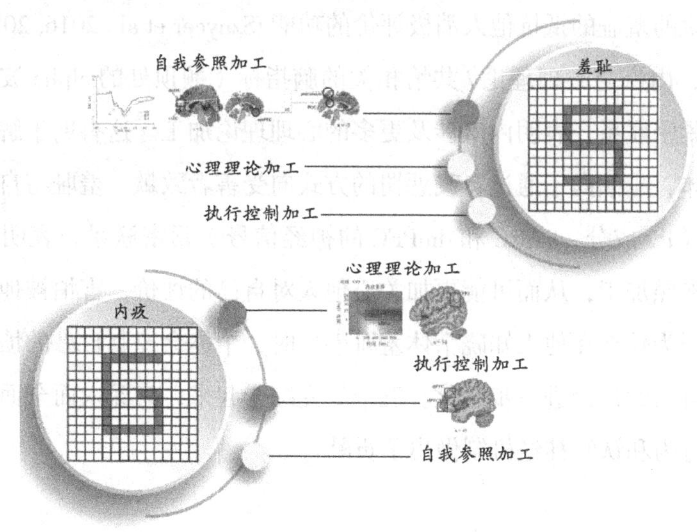

图 8–2 研究三、研究四和研究五的理论与主要结果框架图

总体来看，研究一和研究二从社会功能的角度，深化了对内疚与羞耻和其他心理、认知、情绪与行为的关系的理解，表明将进化心理学的视角引入到对内疚和羞耻的研究，不仅能够对理论的解释范围进行拓展，还可以指导实验以发现和了解新的现象。研究三、研究四和研究五以脑电技术和磁共振成像技术为手段，对内疚羞耻的生理差异进行了探究。其结果，在更基础的层面上，为关注点理论和情绪功能主义观点找到了支持性依据，并在认知控制方面拓展了原有的理论。分开来看，研究一和研究二与研究三、研究四和研究五各自独立支持并拓展了进化心理学视角和关注点理论。然而，需要注意的是，这些研究之间实际上是存在紧密联系的。这种联系是由进化心理学视角和关注点理论本身的关联性所决定的。在内疚方面，关注点理论认为，内疚涉及更多的对他人的关注与关心 (Tangney & Dearing, 2003)。这使得个体在意他人的得失与感受，更可能做出弥补他人、帮助他人或向他人致歉的行为 (Ohtsubo & Yagi, 2015; Yu et al., 2014)。这些行为，最终客观上促成了进化学心理学视角所说的内疚的人际修复功能 (Sznycer, 2019)。在羞耻方面，关注点理论认为，羞耻涉及更多的对自我的关注和评价 (Tangney & Dearing, 2003)。由于他人的评价是影响个体自我评价的重要因素，个体对自我的关注，会延伸到对他人评价的关注，并可能作出应对的行为反应，这就促成了进化心理学所说的羞耻的抵抗他人消极评价的功能 (Sznycer et al., 2016, 2018)。结合本研究来看，内疚与心理理论 / 共情相关的脑指标（颞顶处的 alpha 波，颞顶联合区激活）紧密联系，表明内疚涉及更多的心理理论加工。这有助于解释为什么越内疚的个体，越倾向于通过自我惩罚的方式向受害者致歉。羞耻与自我参照加工的脑指标（P2 成分，vACC 和 dmPFC 的神经信号）紧密联系，表明羞耻涉及更多的自我参照加工，从而可能更加关心他人对自己的评价，害怕被他人排挤。这有助于解释为什么在他人知晓个体羞耻事件时，个体会控制自己的愤怒情绪，避免他人对自己的评价进一步恶化。五个研究综合起来，为深入而全面地理解内疚和羞耻的行为和认知神经机制做出了贡献。

第二节　研究的创新

一、研究范式方面

不少前人的研究曾采用想象范式或回忆范式来研究内疚和羞耻及相关的行为。想象范式和回忆范式确实具有简单明确、易于实施的优点 (de Hooge, Nelissen, et al., 2011; Petra Michl et al., 2014; Wagner et al., 2011)，但它们的缺陷也很明显。想象范式中，个体无需为自己的选择决策付出代价。因此，被试在想象范式里做出的选择可能是其觉得自己应该做出的选择，而这可能与被试在真实情景中做出的选择不一致 (Camerer & Mobbs, 2017)。回忆范式中，虽然对被试的要求是一样的，但由于被试的生活经历不同，即使是同组的被试可能回忆的内容也不一样，这会给实验带来混淆变量。此外，想象和回忆这两种心理活动本身，也可能对实验产生一些干扰。与想象范式和回忆范式相比，人际互动范式则可以创设一个更类似真实生活场景的环境，让被试即刻感知相同的信息，并可以让被试为自己的选择付出相应的代价 (Yu et al., 2014)。在研究一、研究三和研究四中，创新提出了可以研究自我惩罚和内疚与羞耻的人际互动范式。这种研究范式有助于研究与内疚相关的行为的社会功能，以及明确探究内疚与羞耻相关的神经机制。新的人际互动范式的开发也为未来更深入的研究奠定了基础。

二、分析方法方面

相比于传统的单变量激活分析，基于机器学习的多变量模式分析会提取和分析存在于多个体素中的模式信号，因而具有更高的敏感度 (Norman et al., 2006)。我们在研究中首次将多变量模式识别的方法运用于道德情绪的研究，对内疚和羞耻相关的脑成像数据进行了分析，得到的结果对理解内疚和羞耻的共性与差异具有重要意义。单变量激活分析的结果显示，内疚和羞耻都会激活背内侧前额叶——一个负责对与自我有关和与他人有关的信息进行整合的脑区。这一结果说明，内疚和羞耻时，个体既会关注自己，也会关注他人。而多变量模式分析则发现，虽然内疚和羞耻会共同激活背内侧前额叶，但这个位置的脑信号模式在内疚和羞耻状态下是不同的。结合单变量激活分析的结果，多变量模式分析的结果说明，虽然内疚和羞耻状态下个体会同时关注自己和他人，但是两种情绪下，个体对自己和他人的关注程度和比例可能是不同的。该发现很好地印证了关注点理论的观点。将机器学习算法等新的方法运用于情绪，特别是道德情绪的研究，有助于形成更全面的认知和理解。

三、理论方面

（一）对自我惩罚行为认识的深化

许多研究都发现内疚和自我惩罚行为紧密相关 (Inbar et al., 2013; Nelissen & Zeelenberg, 2009)，但研究者们对自我惩罚的理解主要集中在其对个体感受的作用方面。基于自我惩罚后个体的内疚程度会降低的结果，研究者们认为自我惩罚的功能在于缓解个体的内疚负性体验 (Inbar et al., 2013)。本研究以进化心理学理论为指导，通过一系列实验证明自我惩罚会受到人际效用的影响，即个体在决定自我惩罚时会涉及代价利益分析。并且，高代价的自我惩罚有助于违规者被受害者所原谅。通过阐明自我惩罚在修复受损人际关系时的作用和产生机制，研究一为理解自我惩罚提供了新的角度，强调自我惩罚除了能缓解内疚之外，还具有重要的关系修复功能。

（二）对羞耻与愤怒关系认识的深化

大量研究都发现羞耻与愤怒存在正相关关系，即处于羞耻状态或具有羞耻特质倾向的个体更容易产生愤怒或具有更容易愤怒的特质 (Elison et al., 2014; Velotti et al., 2014)。研究者们主要基于羞耻给个体带来的心理疼痛感来解释羞耻和愤怒的关系。在产生羞耻时，个体对自我的否定会让个体产生类似于生理疼痛的心理疼痛感，疼痛则可能会自动化地诱发愤怒（羞耻的疼痛理论）(Elison et al., 2014)。本研究则以进化心理学理论为指导，关注羞耻可能的社会功能，即帮助个体抵抗他人的消极评价（羞耻的信息威胁理论）(Sznycer et al., 2016)，并通过理论推导得出，在不同的情境中，羞耻可能增加愤怒，也可能抑制愤怒。当个体的缺陷暴露给他人时，羞耻可能会督促个体抵抗他人的消极评价。其中一种方式就是，即使他人做出了伤害自己利益的事情，也对其进行容忍（抑制愤怒），从而向他人证明自己对其依然是有价值的，而避免被他人完全地抛弃和排挤。研究二通过一系列实验发现，他人是否知晓个体的羞耻事件是羞耻和愤怒关系的重要调节变量。研究不仅发现了羞耻和愤怒的多种关系模式，还通过对羞耻的疼痛理论和羞耻的信息威胁理论的融合，为其提供了合理的理论解释。

（三）对内疚与羞耻加工的时间进程的认识

对内疚和羞耻加工在时间进程上的差异的研究一直处于空白状态，研究三对这一空白进行了填补，发现内疚和羞耻的差异在早期阶段就开始出现了（P2成分，alpha 震荡，240 ~ 1000 ms）。这一发现与前人关于道德认知和道德情绪相关的信息可以非常快地被加工的结果一致 (Decety & Cacioppo, 2012; Gui et al., 2015)。这些结果说明，人类可能真的存在一些快速的道德直觉加工（如：McMahan, 2000)。此外，在时间上对内疚和羞耻的快速区分，有助于个体采取适合的行为反应模式去应对特定的社会情境，对达到预期的人际目标具有重要意义。

（四）对人际内疚和羞耻的神经机制的认识

前人在探究内疚和羞耻的神经机制时，使用的是想象范式和回忆范式，得到的结果比较杂乱 (Petra Michl et al., 2014; Pulcu et al., 2014; Takahashi et al., 2004; Wagner et al., 2011)。本文利用自主开发的人际互动范式，在人际交互的情境中激发出了内疚和羞耻，并对其神经机制进行了探究。结果发现，内疚和羞耻的差异会出现在与心理理论和自我加工有关的脑电成分（P2成分）、时频信号（alpha震荡）以及脑区（如颞顶联合区、背内侧前额叶和腹侧前扣带回）上。这些研究发现为关注点理论提供了生理方面的支持证据。

（五）关于内疚和羞耻的态度

由于不少早期研究发现羞耻和羞耻特质与大量的不良行为表现（如：逃学、犯罪）和精神疾病紧密相关，而内疚和内疚特质则更多地和良好行为表现有关，因此有不少研究者将羞耻视为一种适应不良的情绪，而将内疚视为一种适应性情

绪 (Tangney, Wagner, & Gramzow, 1992; Tangney & Dearing, 2003)。结合进化心理学的观点，研究结果表明，羞耻和内疚都具有特定的社会功能，不能简单地将羞耻视为适应不良的情绪。导致不良行为表现和精神疾病的可能不是羞耻情绪本身，而是引发羞耻情绪的事件 (Sznycer, 2019)。例如，某儿童因父母犯罪入狱，总是被同学歧视，常常体验到羞耻，最终产生逃学行为。在这里，导致儿童逃学的更直接的原因是同学的歧视，而羞耻只是在提醒个体要寻找方式去抵御来自他人的负性看法。所以，不应该简单地将某种情绪定义为适应不良的。综合来看，如果个体的内疚和羞耻情绪反应与所面对的事件相匹配，情绪反应强度不过强（过强的内疚和羞耻容易导致精神疾病）或过弱（过弱的内疚和羞耻情绪容易使得个体无视他人，导致犯罪），内疚和羞耻情绪通常有助于个体更好地与他人进行社会互动。

四、实践方面

对自我惩罚在关系修复功能上的认识，可能有助于解决现实的矛盾纠纷。虽然，在大多数情况下，补偿可能是使用得最多的修复关系的方法，但在有些情况下，补偿可能是不可行或不被接受的 (Nelissen & Zeelenberg, 2009)。生活中存在着禁忌交换的现象（taboo trade-offs），即当发生以涉及神圣价值（sacred value）的事物（如宗教信仰、政治理念、公平和生命）去交换涉及世俗价值的事物（如金钱）的情况时，个体会产生道德愤怒和道德厌恶 (Scott Atran, Axelrod, & Davis, 2007; Duc, Hanselmann, Boesiger, & Tanner, 2013; Hanselmann & Tanner, 2008; Tetlock, Kristel, Elson, Green, & Lerner, 2000; Tetlock, 2003)。Ginges (2015) 对以色列的犹太人、巴勒斯坦难民和巴勒斯坦的大学生进行调查，发现他们都不接受通过金钱补偿的方式去解决巴以冲突的提议，并对该提议本身就充满愤怒。因此，在涉及神圣价值的冲突里，直接使用金钱补偿是不可取的 (Atran & Ginges, 2012; Atran et al., 2007)。自我惩罚可能可以为调节涉及神圣价值的冲突提供一种可接受的解决方式。例如，个体意外撞死了他人，在面对死者家属时，如果直接提出使用钱来解决问题，可能会引起家属的反感。一种更容易让人接受的方式可能是，个体先负荆请罪，在受害人家属面前进行自我惩罚，向家属释放悔过的信号，在一定程度上获取谅解之后，再进行经济补偿。这样通过利用自我惩罚的社会功能，来打开修复关系、寻求原谅的开口，或许可以更好地解决涉及神圣价值的矛盾冲突。

第三节　研究的不足与展望

本研究也存在着一些不足和需要改进的地方。研究中的部分实验使用的是想象范式，而一些研究者认为被试在想象范式中的行为可能和在真实情景中的不一致 (Camerer & Mobbs, 2017)。导致这种不一致的一个重要原因是，在现实情境中，被试需要为一些行为（如用金钱补偿他人）付出代价；而在想象范式中，被试不用为他们的选择付出代价。鉴于研究利用想象范式进行的实验，它们关心的变量并不需要被试直接付出代价（被试对他人的原谅程度和被试的愤怒程度），因此被试在想象范式中所报告的和真实的情况中被试所报告的结果很有可能会是一致的。然而，这还是需要未来的研究对被试在真实的情况中的反应进行验证。

研究二的结果表明，当他人知晓个体的羞耻事件时，个体会控制自己对他人的愤怒。值得注意的是，在某些特殊情况下，即使他人知晓个体的羞耻事件情况，羞耻情绪也有可能增加个体对他人的愤怒。在大多数社会情况中，与他人保持良好的社会合作与良性关系是最重要的社会生活目标之一。为了能维持长期的互惠合作，个体需要向他人展示自己可以为他人带来利益。这就是为什么本研究发现当个体的缺陷暴露给他人时，个体会在情绪上做好准备，控制自己的愤怒去放弃一部分经济利益以表明自己可以给他人带来好处。然而，在有些社会条件下，由于没有官方的系统来维持社会秩序，个体需要通过展现自己存在报复的意愿和能力以维持一个强大的形象，从而保护自己不被反复霸凌 (Cohen & Nisbett, 1994)。在这种情况下，如果个体关于报复能力和意图的缺陷被暴露，特别是暴露给一大群人时，最有效的恢复自己强大形象并吓退潜在的霸凌者的方法就是，以愤怒来武装自己并反抗他人而不是放弃自己的利益，让那些潜在的霸凌者不敢轻举妄动。未来的研究或许可以探究在不同的社会情境和不同的社会文化中，羞耻与对他人愤怒的关系。

研究三、研究四和研究五使用脑电技术和磁共振成像技术，对内疚和羞耻的神经机制进行了探究，发现了与之有关的脑电成分、神经震荡与脑区。然而，这些研究只能提供相关性的结果，却无法提供因果性的证据。未来研究可以通过经颅直流电刺激（transcranial direct current stimulation, tDCS）、经颅交流电刺激（transcranial alternating current stimulation, tACS）或经颅磁刺激（transcranial magnetic stimulation, TMS）来改变某个脑区的激活程度或多个脑区之间的功能连接，以检验哪些生理活动在内疚和羞耻上起着决定性的作用。

研究三（脑电研究）、研究四和研究五（功能磁共振研究）所招募的被试数量相对较少，在一定程度上限制了研究的统计检验力。在未来的研究中，可以使用大样本量，对研究的相关结果进行进一步的检验。

本研究以进化心理学为指导，基于情绪功能主义和代价收益理论，对内疚和羞耻进行了一系列实验研究，深化了对内疚和羞耻以及与其相关的认知过程、行为选择和神经机制的理解。在未来的研究中，我们将进一步完善实验设计，增加样本量，对这些研究结果加以检验，同时会将进化心理学视角与其他道德情绪如感激、亏欠、自豪等相结合，开展实验研究和理论探索，以增进对人类各种道德情绪更全面深刻的理解。

参考文献

Adolphs, R. (2009). The social brain: neural basis of social knowledge. *Annual Review of Psychology*, *60*, 693 - 716.

Aichhorn, M., Perner, J., Kronbichler, M., Staffen, W., & Ladurner, G. (2006). Do visual perspective tasks need theory of mind? *Neuroimage*, *30*, 1059 - 1068.

Allman, J. M., Hakeem, A, Erwin, J. M., Nimchinsky, E., & Hof, P. (2001). The anterior cingulate cortex. The evolution of an interface between emotion and cognition. *Annals of the New York Academy of Sciences*, *935*, 107 - 117.

Andrews, B., Qian, M., & Valentine, J. D. (2002). Predicting depressive symptoms with a new measure of shame: The Experience of Shame Scale. *British Journal of Clinical Psychology*, *41*, 29 - 42.

Arndt, J., Greenberg, J., Pyszczynski, T., Solomon, S., & Schimel, J. (1999). Creativity and terror management: Evidence that creative activity increases guilt and social projection following mortality salience. *Journal of Personality and Social Psychology*, *77*, 19 - 32.

Aron, A. R. (2004). Human Midbrain Sensitivity to Cognitive Feedback and Uncertainty During Classification Learning. *Journal of Neurophysiology*, *92*, 1144 - 1152.

Atran, S., & Ginges, J. (2012). Religious and Sacred Imperatives in Human Conflict. *Science*, *336*, 855 - 857.

Atran, Scott, Axelrod, R., & Davis, R. (2007). Social science. Sacred barriers to conflict resolution. *Science (New York, N.Y.)*, *317*, 1039 – 1040.

Bahk, Y.-C., & Choi, K.-H. (2018). The relationship between autobiographical memory, cognition, and emotion in older adults: A review. *Aging, Neuropsychology, and Cognition*, *25*, 874 – 892.

Bar-Haim, Y., Lamy, D., & Glickman, S. (2005). Attentional bias in anxiety: A behavioral and ERP study. *Brain and Cognition*, *59*, 11 – 22.

Bardsley, N. (2008). Dictator game giving: altruism or artefact? *Experimental Economics*, *11*, 122 – 133.

Barrett, K. C., Zahn-Waxler, C., & Cole, P. M. (1993). Avoiders vs. amenders: Implications for the investigation of guilt and shame during toddlerhood? *Cognition & Emotion*, *7*, 481 – 505.

Bartholow, B. D., Pearson, M. A., Dickter, C. L., Sher, K. J., Fabiani, M., & Gratton, G. (2005). Strategic control and medial frontal negativity: Beyond errors and response conflict. *Psychophysiology*, *42*, 33 – 42.

Bartlett, L., & DeSteno, D. (2006). Gratitude and prosocial behavior. *Psychol. Sci.*, *17*, 319 – 325.

Bartlett, M. Y., Condon, P., Cruz, J., Baumann, J., & Desteno, D. (2012). Gratitude: Prompting behaviours that build relationships. *Cognition and Emotion*, *26*, 2 – 13.

Basar, E. (1998). *Brain Function and Oscillations: Volume I: Brain Oscillations. Principles and Approaches*. Springer Science & Business Media.

Basar, E. (1999). *Brain Function and Oscillations: Volume II: Integrative Brain Function. Neurophysiology and Cognitive Processes*. Springer Science & Business Media.

Basile, B., Mancini, F., Macaluso, E., Caltagirone, C., Frackowiak, R. S. J., & Bozzali, M. (2011). Deontological and altruistic guilt: evidence for distinct neurobiological substrates. *Human Brain Mapping*, *32*, 229 – 239.

Bastian, B., Jetten, J., & Fasoli, F. (2011). Cleansing the soul by hurting the flesh: the guilt–reducing effect of pain. *Psychological Science, 22*, 334 – 335.

Bastin, C., Harrison, B. J., Davey, C. G., Moll, J., & Whittle, S. (2016). Feelings of shame, embarrassment and guilt and their neural correlates: A systematic review. *Neuroscience and Biobehavioral Reviews, 71*, 455 – 471.

Baucom, L. B., Wedell, D. H., Wang, J., Blitzer, D. N., & Shinkareva, S. V. (2012). Decoding the neural representation of affective states. *NeuroImage, 59*, 718 – 727.

Baumeister, R. F., Smart, L., & Boden, J. D. (1996). Relation of threatened egoism to violence and aggression: The dark side of high esteem. *Psychological Review, 103*, 5 – 33.

Baumeister, R. F., Stillwell, A. M., & Heatherton, T. F. (1994). Guilt: an interpersonal approach. *Psychological Bulletin, 115*, 243 – 267.

Bedford, O. A. (2004). The individual experience of guilt and shame in Chinese culture. *Culture & Psychology, 10*, 29 – 52.

Bedford, O., & Hwang, K. (2003). Guilt and shame in Chinese culture: A cross - cultural framework from the perspective of morality and identity. *Journal for the Theory of Social Behaviour, 33*, 127 – 144.

Beer, J. S., Heerey, E. A., Keltner, D., Scabini, D., & Knight, R. T. (2003). The regulatory function of self–conscious emotion: insights from patients with orbitofrontal damage. *Journal of Personality and Social Psychology, 85*, 594 – 604.

Benedek, M., Bergner, S., Könen, T., Fink, A., & Neubauer, A. C. (2011). EEG alpha synchronization is related to top–down processing in convergent and divergent thinking. *Neuropsychologia, 49*, 3505 – 3511.

Benedek, M., Schickel, R. J., Jauk, E., Fink, A., & Neubauer, A. C. (2014). Alpha power increases in right parietal cortex reflects focused internal attention. *Neuropsychologia, 56*, 393 – 400.

Berkowitz, L. (2012). A different view of anger: The cognitive - neoassociation conception of the relation of anger to aggression. *Aggressive Behavior, 38*, 322 – 333.

Blasi, A. (1983). Moral cognition and moral action: A theoretical perspective. *Developmental Review, 3,* 178 - 210.

Bogaert, S., Boone, C., & Declerck, C. (2008). Social value orientation and cooperation in social dilemmas: A review and conceptual model. *British Journal of Social Psychology, 47,* 453 - 480.

Bray, S., Chang, C., & Hoeft, F. (2009). Applications of multivariate pattern classification analyses in developmental neuroimaging of healthy and clinical populations. *Frontiers in Human Neuroscience, 3,* 1 - 12.

Broadie, S. (1991). *Ethics with aristotle.* Oxford University Press on Demand.

Brown, R., Gonz ά lez, R., Zagefka, H., Manzi, J., & Cehajic, S. (2008). Nuestra culpa: collective guilt and shame as predictors of reparation for historical wrongdoing. *Journal of Personality and Social Psychology, 94,* 75 - 90.

Brüne, M., & Brüne-Cohrs, U. (2006). Theory of mind-evolution, ontogeny, brain mechanisms and psychopathology. *Neuroscience and Biobehavioral Reviews, 30,* 437 - 455.

Bryan, C. J., Morrow, C. E., Etienne, N., & Ray-Sannerud, B. (2013). Guilt, shame, and suicidal ideation in a military outpatient clinical sample. *Depression and Anxiety, 30,* 55 - 60.

Bryan, C. J., Roberge, E., Bryan, A. B. O., Ray-Sannerud, B., Morrow, C. E., & Etienne, N. (2015). Guilt as a mediator of the relationship between depression and posttraumatic stress with suicide ideation in two samples of military personnel and veterans. *International Journal of Cognitive Therapy, 8,* 143 - 155.

Burke, B. L., Martens, A., & Faucher, E. H. (2010). Two decades of terror management theory: A meta-analysis of mortality salience research. *Personality and Social Psychology Review, 14,* 155 - 195.

Burns, J. W. (1997). Anger management style and hostility: Predicting symptom-specific physiological reactivity among chronic low back pain patients. *Journal of Behavioral*

Medicine, 20, 505–522.

Bush, G., Vogt, B. A., Holmes, J., Dale, A. M., Greve, D., Jenike, M. A., & Rosen, B. R. (2002). Dorsal anterior cingulate cortex: a role in reward-based decision making. *Proceedings of the National Academy of Sciences, 99*, 523 - 528.

Camerer, C. F., & Thaler, R. H. (1995). Anomalies: Ultimatums, dictators and manners. *Journal of Economic Perspectives, 9*, 209 - 219.

Camerer, C., & Mobbs, D. (2017). Differences in behavior and brain activity during hypothetical and real choices. *Trends in Cognitive Sciences, 21*, 46 - 56.

Campanella, S., Gaspard, C., Debatisse, D., Bruyer, R., Crommelinck, M., & Guerit, J. M. (2002). Discrimination of emotional facial expressions in a visual oddball task: An ERP study. *Biological Psychology, 59*, 171 - 186.

Campos, J. J., Mumme, D., Kermoian, R., & Campos, R. G. (1994). A functionalist perspective on the nature of emotion. Japanese Journal of Research on Emotions, 2, 1 - 20.

Carnì, S., Petrocchi, N., Del Miglio, C., Mancini, F., & Couyoumdjian, A. (2013). Intrapsychic and interpersonal guilt: a critical review of the recent literature. *Cognitive Processing, 14*, 333 - 346.

Carretié, L., Iglesias, J., Garcia, T., & Ballesteros, M. (1997). N300, P300 and the emotional processing of visual stimuli. *Electroencephalography and Clinical Neurophysiology, 103*, 298 - 303.

Carson, J. W., Keefe, F. J., Goli, V., Fras, A. M., Lynch, T. R., Thorp, S. R., & Buechler, J. L. (2005). Forgiveness and chronic low back pain: A preliminary study examining the relationship of forgiveness to pain, anger, and psychological distress. *Journal of Pain, 6*, 84 - 91.

Casebeer, W. D. (2003). Moral cognition and its neural constituents. *Nature Reviews Neuroscience, 4*, 841 - 846.

Chang, L. J., Smith, A., Dufwenberg, M., & Sanfey, A. G. (2011). Triangulating the Neural,

Psychological, and Economic Bases of Guilt Aversion. *Neuron, 70*, 560 – 572.

Chen, A., Weng, X., Yuan, J., Lei, X., & Qiu, J. (2008). *The Temporal Features of Self-referential Processing Evoked by Chinese Handwriting. Journal of Cognitive Neuroscience*, 20, 816 – 827.

Chen, A., Xu, P., Wang, Q., Luo, Y., Yuan, J., Yao, D., & Li, H. (2008). The timing of cognitive control in partially incongruent categorization. *Human Brain Mapping, 29*,1028 – 1039.

Chen, C., Yang, C.–Y., & Cheng, Y. (2012). Sensorimotor resonance is an outcome but not a platform to anticipating harm to others. *Social Neuroscience, 7*, 578 – 590.

Chen, J., Yuan, J., Feng, T., Chen, A., Gu, B., & Li, H. (2011). Temporal features of the degree effect in self–relevance: Neural correlates. *Biological Psychology, 87*, 290 – 295.

Chen, Y.–T. (2013). Sharp benefit–to–cost rules for the evolution of cooperation on regular graphs. *The Annals of Applied Probability, 23*, 637 – 664.

Cheng, Y, Hung, A. Y., & Decety, J. (2012). Dissociation between affective sharing and emotion understanding in juvenile psychopaths. *Dev Psychopathol, 24*, 623 – 636.

Cheng, Yawei, Chen, C., & Decety, J. (2014). An EEG/ERP investigation of the development of empathy in early and middle childhood. *Developmental Cognitive Neuroscience*, 10, 160 – 169.

Cohen, D., & Nisbett, R. E. (1994). Self–protection and the culture of honor: Explaining Southern violence. Personality & Social Psychology Bulletin, 20, 551 – 567.

Colyvan, M., Cox, D., & Steele, K. (2010). Modelling the moral dimension of decisions. *Noûs*, 44, 503 – 529.

Conway, P., & Gawronski, B. (2013). Deontological and utilitarian inclinations in moral decision making: a process dissociation approach. *Journal of Personality and Social Psychology, 104*, 216 – 235.

Cozolino, L. (2014). *The neuroscience of human relationships: Attachment and the developing social brain*. WW Norton & Company.

Craig, A. D. (2009). How do you feel—now? the anterior insula and human awareness. *Nature Reviews Neuroscience*, *10*, 59 - 70.

Critcher, C. R., Inbar, Y., & Pizarro, D. A. (2012). How Quick Decisions Illuminate Moral Character. *Social Psychological and Personality Science*, *4*, 308 - 315.

Cui, Z., & Gong, G. (2018). The effect of machine learning regression algorithms and sample size on individualized behavioral prediction with functional connectivity features. *NeuroImage*, *178*, 622 - 637.

D'Argembeau, A., Ruby, P., Collette, F., Degueldre, C., Balteau, E., Luxen, A., ...Salmon, E. (2007). Distinct regions of the medial prefrontal cortex are associated with self-referential processing and perspective taking. *Journal of Clinical Neuroscience*, *19*, 935 - 944.

Davis, M. H. (1980). *A multidimensional approach to individual differences in empathy*.

de Cooke, P. A. (1997). Children's Perceptions of Indebtedness: The Help-seeker's Perspective. *International Journal of Behavioral Development*, *20*, 699 - 713.

de Hooge, I. E., Breugelmans, S. M., Wagemans, F. M. A., & Zeelenberg, M. (2018). The social side of shame: approach versus withdrawal. *Cognition and Emotion*, *32*, 1671 - 1677.

de Hooge, I. E., Breugelmans, S. M., & Zeelenberg, M. (2008). Not so ugly after all: when shame acts as a commitment device. *Journal of Personality and Social Psychology*, *95*, 933 - 943.

de Hooge, I. E., Nelissen, R. M. A., Breugelmans, S. M., & Zeelenberg, M. (2011). What is moral about guilt? Acting "prosocially" at the disadvantage of others. *Journal of Personality and Social Psychology*, *100*, 462 - 473.

de Hooge, I. E., Verlegh, P. W. J., & Tzioti, S. C. (2014). Emotions in advice taking: The roles of agency and valence. *Journal of Behavioral Decision Making*, *27*, 246 - 258.

de Hooge, I. E., Zeelenberg, M., & Breugelmans, S. M. (2007). Moral sentiments and cooperation: Differential influences of shame and guilt. *Cognition & Emotion, 21*, 1025 - 1042.

de Hooge, I. E., Zeelenberg, M., & Breugelmans, S. M. (2010). Restore and protect motivations following shame. *Cognition and Emotion, 24*, 111 - 127.

de Hooge, I. E., Zeelenberg, M., & Breugelmans, S. M. (2011). A functionalist account of shame-induced behaviour. *Cognition & Emotion, 25*, 939 - 946.

Decety, J., & Cacioppo, S. (2012). The speed of morality: a high-density electrical neuroimaging study. *Journal of Neurophysiology, 108*, 3068 - 3072.

Decety, J., & Lamm, C. (2007). The role of the right temporoparietal junction in social interaction: How low-level computational processes contribute to meta-cognition. *Neuroscientist, 13*, 580 - 593.

Delgado, M. R., Jou, R. L., LeDoux, J., & Phelps, L. (2009). Avoiding negative outcomes: tracking the mechanisms of avoidance learning in humans during fear conditioning. *Frontiers in Behavioral Neuroscience, 3*, 1 - 9.

Delorme, A., & Makeig, S. (2004). EEGLAB: an open source toolbox for analysis of single-trial EEG dynamics including independent component analysis. *Journal of Neuroscience Methods, 134*, 9 - 21.

DeSteno, D., Bartlett, M. Y., Baumann, J., Williams, L. A., & Dickens, L. (2010). Gratitude as Moral Sentiment: Emotion-Guided Cooperation in Economic Exchange. *Emotion, 10*, 289 - 293.

Disner, S. G., Beevers, C. G., Haigh, E. A. P., & Beck, A. T. (2011). Neural mechanisms of the cognitive model of depression. *Nature Reviews Neuroscience, 12*, 467 - 477.

Duc, C., Hanselmann, M., Boesiger, P., & Tanner, C. (2013). Sacred values: Trade-off type matters. Journal of Neuroscience, *Psychology, and Economics, 6*, 252 - 263.

Eaton, J. (2006). The Mediating Role of Perceptual Validation in the Repentance-Forgiveness Process. *Personality and Social Psychology Bulletin, 32*, 1389 - 1401.

Eisenberg, N. (2000). Emotion, regulation, and moral development. *Annual Review of Psychology*, *51*, 665 - 697.

Eisenberger, N. I., Lieberman, M. D., & Williams, K. D. (2003). Does rejection hurt? An fMRI study of social exclusion. *Science*, *302*, 290 - 292.

Elison, J., Garofalo, C., & Velotti, P. (2014). Aggression and Violent Behavior Shame and aggression : Theoretical considerations. *Aggression and Violent Behavior*, *19*, 447 - 453.

Ellsworth, P. C., & Tong, E. M. W. (2006). What does it mean to be angry at yourself? Categories, appraisals, and the problem of language. *Emotion*, *6*, 572 - 586.

Eterović, M., Medved, V., Bilić, V., Kozarić-Kovačić, D., & Žarković, N. (2019). Poor Agreement Between Two Commonly Used Measures of Shame- and Guilt-Proneness. *Journal of Personality Assessment*, *102*, 499 - 507.

Evans, A. M., & van de Calseyde, P. P. F. M. (2017). The effects of observed decision time on expectations of extremity and cooperation. *Journal of Experimental Social Psychology*, *68*, 50 - 59.

Fan, Y. T., Chen, C., Chen, S. C., Decety, J., & Cheng, Y. (2014). Empathic arousal and social understanding in individuals with autism: Evidence from fMRI and ERP measurements. *Social Cognitive and Affective Neuroscience*, *9*, 1203 - 1213.

Feldman, R. (2008). Modest deontologism in epistemology. *Synthese*, *161*, 339 - 355.

Feng, C., Azarian, B., Ma, Y., Feng, X., Wang, L., Luo, Y. J., & Krueger, F. (2017). Mortality salience reduces the discrimination between in-group and out-group interactions: A functional MRI investigation using multi-voxel pattern analysis. *Human Brain Mapping*, *38*, 1281 - 1298.

Feng, C., Becker, B., Huang, W., Wu, X., Eickhoff, S. B., & Chen, T. (2018). Neural substrates of the emotion-word and emotional counting Stroop tasks in healthy and clinical populations: A meta-analysis of functional brain imaging studies. *NeuroImage*, *173*, 258 - 274.

Feng, C., Deshpande, G., Liu, C., Gu, R., Luo, Y. J., & Krueger, F. (2016). Diffusion of responsibility attenuates altruistic punishment: A functional magnetic resonance imaging effective connectivity study. *Human Brain Mapping*, *37*, 663 – 677.

Feng, C., Luo, Y. J., & Krueger, F. (2015). Neural signatures of fairness–related normative decision making in the ultimatum game: A coordinate–based meta–analysis. *Human Brain Mapping*, *36*, 591 – 602.

Ferguson, T. J., Eyre, H. L., & Ashbaker, M. (2000). Unwanted identities: A key variable in shame – anger links and gender differences in shame. *Sex Roles*, *42*, 133 – 157.

Finger, E. C., Marsh, A. A., Kamel, N., Mitchell, D. G. V, & Blair, J. R. (2006). Caught in the act: The impact of audience on the neural response to morally and socially inappropriate behavior. *NeuroImage*, *33*, 414 – 421.

Finlay, L. D. (2015). Evidence–based trauma treatment: Problems with a cognitive reappraisal of guilt. *Journal of Theoretical and Philosophical Psychology*, *35*, 220 – 229.

Florian, V., & Mikulincer, M. (1997). Fear of Death and the Judgment of Social Transgressions: A Multidimensional Test of Terror Management Theory. *Journal of Personality and Social Psychology*, *73*, 369 – 378.

Folstein, J. R., & Van Petten, C. (2008). Influence of cognitive control and mismatch on the N2 component of the ERP: a review. *Psychophysiology*, *45*, 152 – 170.

Fourie, M. M., Thomas, K. G. F., Amodio, D. M., Warton, C. M. R., & Meintjes, E. M. (2014). Neural correlates of experienced moral emotion: An fMRI investigation of emotion in response to prejudice feedback. *Social Neuroscience*, *9*, 203 – 218.

Fox, G. R., Kaplan, J., Damasio, H., & Damasio, A. (2015). Neural correlates of gratitude. *Frontiers in Psychology*, *6*, 1 – 11.

Fox, M. D., Snyder, A. Z., Vincent, J. L., Corbetta, M., Van Essen, D. C., & Raichle, M. E. (2005). From The Cover: The human brain is intrinsically organized into dynamic, anticorrelated functional networks. *Proceedings of the National Academy of*

Sciences, *102*, 9673 - 9678.

Froh, J. J., Miller, D. N., & Snyder, S. F. (2007). Gratitude in children and adolescents: Development, assessment, and school-based intervention. *School Psychology Forum*. Citeseer.

Gailliot, M. T., Stillman, T. F., Schmeichel, B. J., Maner, J. K., & Plant, E. A. (2008). Mortality salience increases adherence to salient norms and values. *Personality and Social Psychology Bulletin*, *34*, 993 - 1003.

Gajewski, P. D., Stoerig, P., & Falkenstein, M. (2008). ERP-Correlates of response selection in a response conflict paradigm. *Brain Research*, *1189*, 127 - 134.

Gan, T., Lu, X., Li, W., Gui, D., Tang, H., Mai, X., ... Luo, Y. J. (2016). Temporal dynamics of the integration of intention and outcome in harmful and helpful moral judgment. *Frontiers in Psychology*, *6*, 1 - 12.

Gao, X., Yu, H., Sáez, I., Blue, P. R., Zhu, L., Hsu, M., & Zhou, X. (2018). Distinguishing neural correlates of context-dependent advantageous- and disadvantageous-inequity aversion. *Proceedings of the National Academy of Sciences*, *115*, E7680 - E7689.

Gardini, S., Cloninger, C. R., & Venneri, A. (2009). Individual differences in personality traits reflect structural variance in specific brain regions. *Brain Research Bulletin*, *79*, 265 - 270.

Gausel, N., & Leach, C. W. (2011). Concern for self-image and social image in the management of moral failure: Rethinking shame. *European Journal of Social Psychology*, *41*, 468 - 478.

Gert, B., & Gert, J. (2002). *The definition of morality*.

Gevins, A. S., Zeitlin, G. M., Doyle, J. C., Yingling, C. D., Schaffer, R. E., Callaway, E., & Yeager, C. L. (1979). Electroencephalogram correlates of higher cortical functions. *Science*, *203*, 665 - 668.

Ghorbani, M., Liao, Y., Çayköylü, S., & Chand, M. (2013). Guilt, Shame, and Reparative

Behavior: The Effect of Psychological Proximity. *Journal of Business Ethics*,*114*, 311 - 323.

Gifuni, A. J., Kendal, A., & Jollant, F. (2017). Neural mapping of guilt: a quantitative meta-analysis of functional imaging studies. *Brain Imaging and Behavior*, *11*, 1164 - 1178.

Gilbert, P. (2000). The relationship of shame, social anxiety and depression: the role of the evaluation of social rank. *Clinical Psychology & Psychotherapy*, *7*, 174 - 189.

Ginges, J. (2015). Sacred Values and Political Life. In Social Psychology and Politics (Vol. 17, pp. 41 - 55). Psychology Press.

Gintis, H., Smith, E., & Bowles, S. (2001). Costly signaling and cooperation. *Journal of Theoretical Biology*, *213*, 103 - 119.

Glimcher, P. W., & Fehr, E. (2013). *Neuroeconomics: Decision making and the brain*. Academic Press.

Glucklich, A. (2001). *Sacred Pain:Hurting the Body for the Sake of the Soul*. New York: Oxford University Press.

Göttlich, M., Westermair, A. L., Beyer, F., Bußmann, M. L., Schweiger, U., & Krämer, U. M. (2020). Neural basis of shame and guilt experience in women with borderline personality disorder. *European Archives of Psychiatry and Clinical Neuroscience*, *270*, 979 - 992.

Greenberg, J., Arndt, J., Simon, L., Pyszczynski, T., & Solomon, S. (2000). Proximal and distal defenses in response to reminders of one's mortality: Evidence of a temporal sequence. *Personality and Social Psychology Bulletin*, *26*, 91 - 99.

Greenberg, J., & Kosloff, S. (2008). Terror management theory: Implications for understanding prejudice, stereotyping, intergroup conflict, and political attitudes. *Social and Personality Psychology Compass*, *2*, 1881 - 1894.

Greenberg, J., Martens, A., Jonas, E., Eisenstadt, D., Pyszczynski, T., & Solomon, S. (2003). Psychological defense in anticipation of anxiety: Eliminating the potential for anxiety eliminates the effect of mortality salience on worldview defense. *Psychological Science, 14*, 516 - 519.

Greenberg, J., Pyszczynski, T., & Solomon, S. (1986). The causes and consequences of a need for self-esteem: A terror management theory. In *Public self and private self* (pp. 189 - 212). Springer.

Greenberg, J., Pyszczynski, T., Solomon, S., Simon, L., & Breus, M. (1994). Role of Consciousness and Accessibility of Death-Related Thoughts in Mortality Salience Effects. *Journal of Personality and Social Psychology, 67*, 627 - 637.

Guan, L., Wu, T., Yang, J., Xie, X., Han, S., & Zhao, Y. (2020). Self-esteem and cultural worldview buffer mortality salience effects on responses to self-face: Distinct neural mediators. *Biological Psychology, 155*, 107944.

Gui, D. Y., Gan, T., & Liu, C. (2015). Neural evidence for moral intuition and the temporal dynamics of interactions between emotional processes and moral cognition. *Social Neuroscience, 11*, 380 - 394.

Gunther Moor, B., Güroğlu, B., Op de Macks, Z. A., Rombouts, S. A. R. B., van der Molen, M. W., & Crone, E. A. (2012). Social exclusion and punishment of excluders: Neural correlates and developmental trajectories. *NeuroImage, 59*, 708 - 717.

Gutsell, J. N., & Inzlicht, M. (2010). Empathy constrained: Prejudice predicts reduced mental simulation of actions during observation of outgroups. *Journal of Experimental Social Psychology, 46*, 841 - 845.

Haidt, J. (2003). The moral emotions. In R. J. Davidson, K. R. Scherer, & H. H. Goldsmith (Eds.), *Handbook of affective sciences* (pp. 852 - 870). Oxford: Oxford University Press.

Haidt, J. (2012). *The righteous mind: Why good people are divided by politics and religion.* Vintage.

Hajcak, G., Moser, J. S., Holroyd, C. B., & Simons, R. F. (2006). The feedback-related negativity reflects the binary evaluation of good versus bad outcomes. *Biological*

Psychology, 71, 148 – 154.

Hämmerer, D., Li, S.C., Müller, V., & Lindenberger, U. (2011). Life span differences in electrophysiological correlates of monitoring gains and losses during probabilistic reinforcement learning. *Journal of Cognitive Neuroscience, 23*, 579 – 592.

Han, S., Qin, J., & Ma, Y. (2010). Neurocognitive processes of linguistic cues related to death. *Neuropsychologia, 48*, 3436 – 3442.

Hanselmann, M., & Tanner, C. (2008). Taboos and conflicts in decision making: Sacred values, decision difficulty, and emotions. *Judgment and Decision Making, 3*, 51 – 63.

Harper, F. W. K., & Arias, I. (2004). The role of shame in predicting adult anger and depressive symptoms among victims of child psychological maltreatment. *Journal of Family Violence, 19*, 367 – 375.

Harper, F. W. K., Austin, A. G., Cercone, J. J., & Arias, I. (2005). The Role of Shame, Anger, and Affect Regulation in Men's Perpetration of Psychological Abuse in Dating Relationships. *Journal of Interpersonal Violence, 20*, 1648 – 1662.

Harrison, P. R., & Mallett, R. K. (2013). Mortality salience motivates the defense of environmental values and increases collective ecoguilt. *Ecopsychology, 5*, 36 – 43.

Hayes, J., Schimel, J., Arndt, J., & Faucher, E. H. (2010). A theoretical and empirical review of the death-thought accessibility concept in terror management research. *Psychological Bulletin, 136*, 699 – 739.

Hebart, M. N., Görgen, K., Haynes, J.-D., & Dubois, J. (2015). The Decoding Toolbox (TDT): a versatile software package for multivariate analyses of functional imaging data. *Frontiers in Neuroinformatics, 8*, 1 – 18.

Heerey, E. A., Keltner, D., & Capps, L. M. (2003). Making sense of self-conscious emotion: linking theory of mind and emotion in children with autism. *Emotion (Washington, D.C.), 3*, 394 – 400.

Hillyard, S. A., & Anllo-Vento, L. (1998). Event-related brain potentials in the study of visual selective attention. *Proceedings of the National Academy of Sciences, 95*, 781 - 787.

Hoglund, C. L., & Nicholas, K. B. (1995). Shame, guilt, and anger in college students exposed to abusive family environments. *Journal of Family Violence, 10*, 141 - 157.

Holroyd, C. B., Nieuwenhuis, S., Yeung, N., Nystrom, L., Mars, R. B., Coles, M. G. H., & Cohen, J. D. (2004). Dorsal anterior cingulate cortex shows fMRI response to internal and external error signals. *Nature Neuroscience, 7*, 497 - 498.

Howell, A. J., Turowski, J. B., & Buro, K. (2012). Guilt, empathy, and apology. *Personality and Individual Differences, 53*, 917 - 922.

Hu, S., Zheng, X., Zhang, N., & Zhu, J. (2018). The impact of mortality salience on intergenerational altruism and the perceived importance of Sustainable Development Goals. *Frontiers in Psychology, 9*, 1 - 9.

Hu, X., Wu, H., & Fu, G. (2011). Temporal course of executive control when lying about self- and other-referential information: An ERP study. *Brain Research, 1369*, 149 - 157.

Huang, Y. X., & Luo, Y. J. (2006). Temporal course of emotional negativity bias: An ERP study. *Neuroscience Letters, 398*, 91 - 96.

Hursthouse, R. (1999). *On virtue ethics*. OUP Oxford.

Hutcherson, C. A., & Gross, J. J. (2011). The moral emotions: a social-functionalist account of anger, disgust, and contempt. *Journal of Personality and Social Psychology,100*, 719 - 737.

Inbar, Y., Pizarro, D. A., Gilovich, T., & Ariely, D. (2013). Moral masochism: On the connection between guilt and self-punishment. *Emotion, 13*, 14 - 18.

Isreal, J. B., Chesney, G. L., Wickens, C. D., & Donchin, E. (1980). P300 and tracking difficulty: Evidence for multiple resources in dual - task performance. *Psychophysiology, 17*, 259 - 273.

Ito, T. a, Larsen, J. T., Smith, N. K., & Cacioppo, J. T. (1998). Negative information weighs more heavily on the brain: the negativity bias in evaluative categorizations. *Journal of Personality and Social Psychology*, *75*, 887 - 900.

Iurino, K., & Saucier, G. (2018). Testing measurement invariance of the Moral Foundations Questionnaire across 27 countries. *Assessment*, *27*,364–372.

Izard, C. E., Kagan, J., & Zajonc, R. B. (1984). *Emotions, cognition, and behavior*. CUP Archive.

Jordan, J. J., Hoffman, M., Nowak, M., & Rand, D. G. (2016). *Uncalculating cooperation as a signal of trustworthiness. Proceedings of the National Academy of Sciences*, *113*, 8658–8663.

Kaltwasser, L., Hildebrandt, A., Wilhelm, O., & Sommer, W. (2016). Behavioral and neuronal determinants of negative reciprocity in the ultimatum game. *Social Cognitive and Affective Neuroscience*, *11*, 1608 - 1617.

Kaufman, G. (2004). *The psychology of shame: Theory and treatment of shame-based syndromes*. Springer Publishing Company.

Kelley, W. M., Macrae, C. N., Wyland, C. L., Caglar, S., Inati, S., & Heatherton, T. F. (2002). Finding the self? An event-related fMRI study. *Journal of Cognitive Neuroscience*, *14*, 785 - 794.

Keltner, D., & Kring, A. M. (1998). Emotion, social function, and psychopathology. *Review of General Psychology*, *2*, 320 - 342.

Kesebir, P., & Pyszczynski, T. (2012). *The role of death in life: Existential aspects of human motivation*. New York: Oxford University Press.

Kestenbaum, R., & Nelson, C. A. (1992). Neural and behavioral correlates of emotion recognition in children and adults. *Journal of Experimental Child Psychology*, *54*, 1 - 18.

Keyes, H., Brady, N., Reilly, R. B., & Foxe, J. J. (2010). My face or yours? Event-related potential correlates of self-face processing. *Brain and Cognition*, *72*, 244 - 254.

Kim, S., Thibodeau, R., & Jorgensen, R. S. (2011). Shame, guilt, and depressive symptoms: a meta–analytic review. *Psychological Bulletin, 137*, 68 – 96.

Klackl, J., Jonas, E., & Kronbichler, M. (2014). Existential neuroscience: Self–esteem moderates neuronal responses to mortality–related stimuli. *Social Cognitive and Affective Neuroscience, 9*, 1754 – 1761.

Klimesch, W. (2012). Alpha–band oscillations, attention, and controlled access to stored information. *Trends in Cognitive Sciences, 16*, 606 – 617.

Knoch, D., Pascual–Leone, A., Meyer, K., Treyer, V., & Fehr, E. (2006). Diminishing reciprocal fairness by disrupting the right prefrontal cortex. *Science, 314*, 829 – 832.

Knoch, D., Schneider, F., Schunk, D., Hohmann, M., & Fehr, E. (2009). Disrupting the prefrontal cortex diminishes the human ability to build a good reputation. *Proceedings of the National Academy of Sciences of the United States of America, 106*, 20895 – 20899.

Knyazev, G. G., Slobodskoj–Plusnin, J. Y., & Bocharov, A. V. (2009). Event–related delta and theta synchronization during explicit and implicit emotion processing. *Neuroscience, 164*, 1588 – 1600.

Knyazev, Gennady G., Bocharov, A. V., Savostyanov, A. N., & Slobodskoy–Plusnin, J. (2015). Predisposition to depression and implicit emotion processing. *Journal of Clinical and Experimental Neuropsychology, 37*, 701 – 709.

Kochanska, G., & Aksan, N. (2006). Children's conscience and self–regulation. *Journal of Personality, 74*, 1587 – 1617.

Koechlin, E. (2003). The Architecture of Cognitive Control in the Human Prefrontal Cortex. *Science, 302*, 1181 – 1185.

Koechlin, E., Ody, C., & Kouneiher, F. (2003). The architecture of cognitive control in the human prefrontal cortex. *Science, 302*, 1181 – 1185.

Krause, C. M., Viemero, V., Sillanma, L., & Teresia, A. (2000). Relative electroencephalographic desynchronization and synchronization in humans to emotional film content: an analysis of the 4 – 6, 6 – 8, 8 – 10 and 10 – 12 Hz frequency bands. *Neuroscience Letters*, *286*, 10 – 13.

Krishnamoorthy, G., Davis, P., O'Donovan, A., McDermott, B., & Mullens, A. (2021). Through benevolent eyes: the differential efficacy of perspective taking and cognitive reappraisal on the regulation of shame. *International Journal of Cognitive Therapy*, *14*, 263 – 288.

Krumpal, I. (2013). Determinants of social desirability bias in sensitive surveys: a literature review. *Quality & Quantity*, *47*, 2025 – 2047.

Layard, P. R. G., Layard, R., & Glaister, S. (1994). *Cost-benefit analysis*. Cambridge University Press.

Ledoit, O., & Wolf, M. (2003). Improved estimation of the covariance matrix of stock returns with an application to portfolio selection. *Journal of Empirical Finance*, *10*, 603 – 621.

Leith, K. P., & Baumeister, R. F. (1998). Empathy, shame, guilt, and narratives of interpersonal conflicts: Guilt - prone people are better at perspective taking. *Journal of Personality*, *66*, 1 – 37.

Lemogne, C., Gorwood, P., Bergouignan, L., Pélissolo, A., Lehéricy, S., & Fossati, P. (2011). Negative affectivity, self-referential processing and the cortical midline structures. *Social Cognitive and Affective Neuroscience*, *6*, 426 – 433.

Leng, B., Wang, X., Cao, B., & Li, F. (2017). Frontal negativity: An electrophysiological index of interpersonal guilt. *Social Neuroscience*, *12*, 649 – 660.

Lewis, H. B. (1971). Shame and guilt in neurosis. Psychoanalytic Review, 58, 419 – 438.

Li, X., Liu, Y., Luo, S., Wu, B., Wu, X., & Han, S. (2015). Mortality salience enhances racial in-group bias in empathic neural responses to others' suffering. *NeuroImage*, *118*, 376 – 385.

Li, Z., Yu, H., Zhou, Y., Kalenscher, T., & Zhou, X. (2020). Guilty by association: How group-based (collective) guilt arises in the brain. NeuroImage, 209, 116488.

Lickel, B., Kushlev, K., Savalei, V., & Schmader, T. (2014). *Shame and the Motivation to*

Change the Self. Emotion, 14, 1049 - 1061.

Lindquist, K. A., & Barrett, L. F. (2012). A functional architecture of the human brain: Emerging insights from the science of emotion. *Trends in Cognitive Sciences, 16*, 533 - 540.

Lindquist, K. A., Wager, T. D., Kober, H., Bliss-Moreau, E., & Barrett, L. F. (2012). The brain basis of emotion: a meta-analytic review. *The Behavioral and Brain Sciences, 35*, 121 - 202.

Lindsay-Hartz, J. (1984). Contrasting experiences of shame and guilt. *American Behavioral Scientist, 27*, 689 - 704.

Lindsley, D. B. (1952). Psychological phenomena and the electroencephalogram. *Electroencephalography and Clinical Neurophysiology, 4*, 443 - 456.

Liu, Y., Wu, B., Wang, X., Li, W., Zhang, T., Wu, X., & Han, S. (2017). Oxytocin effects on self-referential processing: behavioral and neuroimaging evidence. *Social Cognitive and Affective Neuroscience, 12*, 1845 - 1858.

Luck, S. J., Woodman, G. F., & Vogel, E. K. (2000). Event-related potential studies of attention. *Trends in Cognitive Sciences, 4*, 432 - 440.

Luo, S., Shi, Z., Yang, X., Wang, X., & Han, S. (2014). Reminders of mortality decrease midcingulate activity in response to others' suffering. *Social Cognitive and Affective Neuroscience, 9*, 477 - 486.

Luo, S., Wu, B., Fan, X., Zhu, Y., Wu, X., & Han, S. (2019). Thoughts of death affect reward learning by modulating salience network activity. *NeuroImage, 202*, 1 - 11.

Luo, S., Yu, D., & Han, S. (2017). 5 - HTTLPR moderates the association between interdependence and brain responses to mortality threats. *Human Brain Mapping, 38*, 6157 - 6171.

Lutwak, N., Panish, J. B., Ferrari, J. R., & Razzino, B. E. (2001). Shame and guilt and their relationship to positive expectations and anger expressiveness. *Adolescence, 36*, 641 - 653.

Ma, L. K., Tunney, R. J., & Ferguson, E. (2017). Does gratitude enhance prosociality?: A meta-analytic review. *Psychological Bulletin, 143*, 601 - 635.

Ma, Q., Shen, Q., Xu, Q., Li, D., Shu, L., & Weber, B. (2011). Empathic responses to others' gains and losses: An electrophysiological investigation. *NeuroImage, 54*, 2472 - 2480.

MacDonald, G., & Leary, M. R. (2005). Why does social exclusion hurt? The relationship between social and physical pain. *Psychological Bulletin, 131*, 202 - 223.

Macrae, C. N., Moran, J. M., Heatherton, T. F., Banfield, J. F., & Kelley, W. M. (2004). Medial prefrontal activity predicts memory for self. *Cerebral Cortex, 14*, 647 - 654.

Marschall, D. E. (1997). *Effects of induced shame on subsequent empathy and altruistic behavior*. George Mason University.

Martin, L. E., & Potts, G. F. (2004). Reward sensitivity in impulsivity. *Neuroreport, 15*, 1519 - 1522.

Mathews, M. A., & Green, J. D. (2010). Looking at me, appreciating you: Self-focused attention distinguishes between gratitude and indebtedness. *Cognition and Emotion, 24*, 710 - 718.

McCullough, M. E., Emmons, R. A., Kilpatrick, S. D., & Larson, D. B. (2001). Is Gratitude a Moral Affect? *Psychological Bulletin, 127*, 249 - 266.

McCullough, M. E., Emmons, R. A., & Tsang, J. A. (2002). The grateful disposition: A conceptual and empirical topography. *Journal of Personality and Social Psychology, 82*, 112 - 127.

Mclatchie, N., Giner-Sorolla, R., & Derbyshire, S. W. G. (2016). 'Imagined guilt' vs 'recollected guilt': implications for fMRI. *Social Cognitive and Affective Neuroscience, 11*, 703 - 711.

McMahan, J. (2000). Moral intuition. *The Blackwell Guide to Ethical Theory*, 92 - 110.

Meixner, J. B., & Rosenfeld, J. P. (2010). Countermeasure mechanisms in a P300-based concealed information test. *Psychophysiology, 47*, 57 - 65.

Michl, P., Meindl, T., Meister, F., Born, C., Engel, R. R., Reiser, M., & Hennig-Fast, K. (2014). Neurobiological underpinnings of shame and guilt: a pilot fMRI study. *Social Cognitive and Affective Neuroscience*, *9*, 150 - 157.

Michl, Petra, Meindl, T., Meister, F., Born, C., Engel, R. R., Reiser, M., & Hennig-Fast, K. (2014). Neurobiological underpinnings of shame and guilt: A pilot fMRI study. *Social Cognitive and Affective Neuroscience*, *9*, 150 - 157.

Miller, E. K. (2000). The prefontral cortex and cognitive control. *Nature Reviews Neuroscience*, *1*, 59 - 65.

Moll, J., & de Oliveira-Souza, R. (2007). Moral judgments, emotions and the utilitarian brain. *Trends in Cognitive Sciences*, *11*, 319 - 321.

Moll, J., de Oliveira-Souza, R., Garrido, G. J., Bramati, I. E., Caparelli-Daquer, E. M. a, Paiva, M. L. M. F., ... Grafman, J. (2007). The self as a moral agent: linking the neural bases of social agency and moral sensitivity. *Social Neuroscience*, *2*, 336 - 352.

Moll, J., Zahn, R., de Oliveira-Souza, R., Krueger, F., & Grafman, J. (2005). The neural basis of human moral cognition. *Nature Reviews Neuroscience*, *6*, 799 - 809.

Monin, B., & Jordan, A. H. (2009). The dynamic moral self: A social psychological perspective. *Personality, Identity, and Character: Explorations in Moral Psychology*, 341 - 354.

Morey, R. A., McCarthy, G., Selgrade, E. S., Seth, S., Nasser, J. D., & LaBar, K. S. (2012). Neural systems for guilt from actions affecting self versus others. *Neuroimage*, *60*, 683 - 692.

Müller-Pinzler, L., Gazzola, V., Keysers, C., Sommer, J., Jansen, A., Frässle, S., ... Krach, S. (2015). Neural pathways of embarrassment and their modulation by social anxiety. *NeuroImage*, *119*, 252 - 261.

Mur, M., Bandettini, P. A., & Kriegeskorte, N. (2009). Revealing representational content with pattern-information fMRI - An introductory guide. *Social Cognitive and*

Affective Neuroscience, *4*, 101 – 109.

Muris, P. (2015). Guilt, Shame, and Psychopathology in Children and Adolescents. *Child Psychiatry and Human Development*, *46*, 177 – 179.

Murphy, F. C., Nimmo-Smith, I. A. N., & Lawrence, A. D. (2003). Functional neuroanatomy of emotions: a meta-analysis. *Cognitive, Affective, & Behavioral Neuroscience*, *3*, 207 – 233.

Murphy, R. O., Ackermann, K. A., & Handgraaf, M. (2011). Measuring social value orientation. *Judgment and Decision Making*, *6*, 771 – 781.

Nakagawa, S., Takeuchi, H., Taki, Y., Nouchi, R., Sekiguchi, A., Kotozaki, Y., ...Kawashima, R. (2015). Comprehensive neural networks for guilty feelings in young adults. *NeuroImage*, *105*, 248 – 256.

Nelissen, R. M. A. (2011). Guilt-Induced Self-Punishment as a Sign of Remorse. *Social Psychological and Personality Science*, *3*, 139 – 144.

Nelissen, R. M. A. (2014). Relational utility as a moderator of guilt in social interactions. *Journal of Personality and Social Psychology*, *106*, 257 – 271.

Nelissen, R. M. A., & Zeelenberg, M. (2009). When guilt evokes self-punishment: Evidence for the existence of a Dobby Effect. *Emotion*, *9*, 118 – 122.

Nelson, K., & Fivush, R. (2004). The emergence of autobiographical memory: A social cultural developmental theory. *Psychological Review*, *111*, 486 – 511.

Nichols, T. E., & Holmes, A. P. (2002). Nonparametric Permutation Tests for {PET} functional Neuroimaging Experiments: A Primer with examples. *Human Brain Mapping*, *15*, 1 – 25.

Niedenthal, P. M., Tangney, J. P., & Gavanski, I. (1994). " If only I weren't" versus " If only I hadn't" : Distinguishing shame and guilt in conterfactual thinking. *Journal of Personality and Social Psychology*, *67*, 585 – 595.

Niesta, D., Fritsche, I., & Jonas, E. (2008). Mortality salience and its effects on peace processes: A review. *Social Psychology*, *39*, 48 – 58.

Nieuwenhuis, S., Holroyd, C. B., Mol, N., & Coles, M. G. H. (2004). Reinforcement-related brain potentials from medial frontal cortex: origins and functional significance. *Neuroscience & Biobehavioral Reviews*, *28*, 441 - 448.

Norman, K. A., Polyn, S. M., Detre, G. J., & Haxby, J. V. (2006). Beyond mind-reading: multi-voxel pattern analysis of fMRI data. *Trends in Cognitive Sciences*, *10*, 424 - 430.

Northoff, G., & Bermpohl, F. (2004). Cortical midline structures and the self. *Trends in Cognitive Sciences*, *8*, 102 - 107.

Northoff, G., Heinzel, A., de Greck, M., Bermpohl, F., Dobrowolny, H., & Panksepp, J. (2006). Self-referential processing in our brain-A meta-analysis of imaging studies on the self. *NeuroImage*, *31*, 440 - 457.

Nowak, M. A. (2006). Five rules for the evolution of cooperation. *Science*, *314*, 1560 - 1563.

O'Connor, L. E., Berry, J. W., Weiss, J., Bush, M., & Sampson, H. (1997). Interpersonal guilt: The development of a new measure. *Journal of Clinical Psychology*, *53*, 73 - 89.

Ohtsubo, Y., & Watanabe, E. (2009). Do sincere apologies need to be costly? Test of a costly signaling model of apology. *Evolution and Human Behavior*, *30*, 114 - 123.

Ohtsubo, Y., Watanabe, E., Kim, J., Kulas, J. T., Muluk, H., Nazar, G., ... Zhang, J. (2012). Are costly apologies universally perceived as being sincere? *Journal of Evolutionary Psychology*, *10*, 187 - 204.

Ohtsubo, Y., & Yagi, A. (2015). Relationship value promotes costly apology-making: Testing the valuable relationships hypothesis from the perpetrator's perspective. *Evolution and Human Behavior*, *36*, 232 - 239.

Olofsson, J. K., Nordin, S., Sequeira, H., & Polich, J. (2008). Affective picture processing: An integrative review of ERP findings. *Biological Psychology*, *77*, 247 - 265.

Orth, U., Berking, M., & Burkhardt, S. (2006). Self-conscious emotions and depression:

Rumination explains why shame but not guilt is maladaptive. *Personality and Social Psychology Bulletin*, *32*, 1608 - 1619.

Orth, U., Robins, R. W., & Soto, C. J. (2010). Tracking the Trajectory of Shame, Guilt, and Pride Across the Life Span. *Journal of Personality and Social Psychology*, *99*, 1061 - 1071.

Otten, M., & Jonas, K. J. (2014). Humiliation as an intense emotional experience: evidence from the electro-encephalogram. *Social Neuroscience*, *9*, 23 - 35.

Parkinson, B., & Illingworth, S. (2009). Guilt in response to blame from others. *Cognition and Emotion*, *23*, 1589 - 1614.

Patil, I., Zanon, M., Novembre, G., Zangrando, N., Chittaro, L., & Silani, G. (2018). Neuroanatomical basis of concern-based altruism in virtual environment. *Neuropsychologia*, *116*, 34 - 43.

Pearce, D., Atkinson, G., & Mourato, S. (2006). *Cost-benefit analysis and the environment: recent developments*. Organisation for Economic Co-operation and development.

Peng, C., Nelissen, R. M. A., & Zeelenberg, M. (2018). Reconsidering the roles of gratitude and indebtedness in social exchange. *Cognition and Emotion*, *32*, 760 - 772.

Pereira, F., Mitchell, T., & Botvinick, M. (2009). Machine learning classifiers and fMRI: a tutorial overview. *NeuroImage*, *45*, 199 - 209.

Peterson, J. (1993). Deontologism and moral weakness. *International Philosophical Quarterly*, *33*, 173 - 181.

Phan, K. L., Wager, T., Taylor, S. F., & Liberzon, I. (2002). Functional neuroanatomy of emotion: a meta-analysis of emotion activation studies in PET and fMRI. *Neuroimage*, *16*, 331 - 348.

Picton, T. W., Bentin, S., Berg, P., Donchin, E., Hillyard, S. A., Johnson, R., ...Rugg, M. D. (2000). Guidelines for using human event-related potentials to study cognition:

recording standards and publication criteria. *Psychophysiology*, *37*, 127 - 152.

Pillutla, M. M., & Murnighan, J. K. (1996). Unfairness, Anger, and Spite: Emotional Rejections of Ultimatum Offers. *Organizational Behavior and Human Decision Processes*, *68*, 208 - 224.

Piper, S. K., Krueger, A., Koch, S. P., Mehnert, J., Habermehl, C., Steinbrink, J., ... Schmitz, C. H. (2014). A wearable multi-channel fNIRS system for brain imaging in freely moving subjects. *NeuroImage*, *85*, 64 - 71.

Piretti, L., Pappaianni, E., Lunardelli, A., Zorzenon, I., Ukmar, M., Pesavento, V., ... Grecucci, A. (2020). The role of amygdala in self-conscious emotions in a patient with acquired bilateral damage. *Frontiers in Neuroscience*, *14*, 1 - 11.

Polich, J. (2007). Updating P300: An integrative theory of P3a and P3b. *Clinical Neurophysiology*, *118*, 2128 - 2148.

Polich, J. (2012). Neuropsychology of P300. *Oxford Handbook of Event-Related Potential Components*, 159 - 188.

Potts, G. F., Patel, S. H., & Azzam, P. N. (2004). Impact of instructed relevance on the visual ERP. *International Journal of Psychophysiology*, *52*, 197 - 209.

Prinz, J. J., & Nichols, S. B. (2010). Moral emotions. In *The moral psychology handbook*. Oxford University Press.

Pulcu, E., Lythe, K., Elliott, R., Green, S., Moll, J., Deakin, J. F. W., & Zahn, R. (2014). Increased amygdala response to shame in remitted major depressive disorder. *PLoS ONE*, *9*, 1 - 9.

Pyszczynski, T., & Kesebir, P. (2012). *Culture, ideology, morality, and religion: Death changes everything*. Washington, D.C.: American Psychological Association.

Pyszczynski, T., Solomon, S., & Greenberg, J. (1999). A dual-process model of defense against conscious and unconscious death-related thoughts: An extension of terror management theory. *Psychological Review*, *106*, 835 - 845.

Quirin, M., Loktyushin, A., Arndt, J., Küstermann, E., Lo, Y. Y., Kuhl, J., & Eggert,

L. (2012). Existential neuroscience: A functional magnetic resonance imaging investigation of neural responses to reminders of one's mortality. *Social Cognitive and Affective Neuroscience*, 7, 193 - 198.

Riva, P., Romero Lauro, L. J., DeWall, C. N., Chester, D. S., & Bushman, B. J. (2014). Reducing aggressive responses to social exclusion using transcranial direct current stimulation. *Social Cognitive and Affective Neuroscience*, 352 - 356.

Roberts, G. (1998). Competitive altruism: from reciprocity to the handicap principle. *Proceedings of the Royal Society of London. Series B: Biological Sciences*, *265*, 427 - 431.

Robertson, T. E., Sznycer, D., Delton, A. W., Tooby, J., & Cosmides, L. (2018). The true trigger of shame: social devaluation is sufficient, wrongdoing is unnecessary. *Evolution and Human Behavior*, *39*, 566 - 573.

Roese, N. J. (1997). Counterfactual thinking. Psychological Bulletin, 121, 133 - 148.

Rolls, E. T., Huang, C. C., Lin, C. P., Feng, J., & Joliot, M. (2020). Automated anatomical labelling atlas 3. *NeuroImage*, *206*, 116189.

Rosenberg, M. (1979). *Conceiving the self.* New York: Basic Books.

Roth, L., Kaffenberger, T., Herwig, U., & Bruehl, A. B. (2014). Brain activation associated with pride and shame. *Neuropsychobiology*, *69*, 95 - 106.

Rowland, N., Meile, M. J., & Nicolaidis, S. (1985). EEG alpha activity reflects attentional demands, and beta activity reflects emotional and cognitive processes. *Science*, *228*, 750 - 752.

Saarimäki, H., Gotsopoulos, A., Jääskeläinen, I. P., Lampinen, J., Vuilleumier, P., Hari, R., ... Nummenmaa, L. (2016). Discrete Neural Signatures of Basic Emotions. *Cerebral Cortex*, *26*, 2563 - 2573.

Sabbagh, M. A., & Flynn, J. (2006). Mid-frontal EEG alpha asymmetries predict individual differences in one aspect of theory of mind: Mental state decoding. *Social Neuroscience*, *1*, 299 - 308.

Saxe, R., & Kanwisher, N. (2003). People thinking about thinking people: The role of the temporo–parietal junction in "theory of mind". *NeuroImage, 19*, 1835 – 1842.

Saxe, Rebecca, Moran, J. M., Scholz, J., & Gabrieli, J. (2006). Overlapping and non–overlapping brain regions for theory of mind and self reflection in individual subjects. *Social Cognitive and Affective Neuroscience, 1*, 229 – 234.

Scherer, K. R. (1984). On the nature and function of emotion: A component process approach. *Approaches to Emotion, 2293*, 317.

Schimel, J., Wohl, M. J. A., & Williams, T. (2006). Terror management and trait empathy: Evidence that mortality salience promotes reactions of forgiveness among people with high (vs. low) trait empathy. *Motivation and Emotion, 30*, 214 – 224.

Schmitz, T. W., & Johnson, S. C. (2007). Relevance to self: A brief review and framework of neural systems underlying appraisal. *Neuroscience & Biobehavioral Reviews, 31*, 585 – 596.

Schmitz, T. W., Kawahara–Baccus, T. N., & Johnson, S. C. (2004). Metacognitive evaluation, self–relevance, and the right prefrontal cortex. *NeuroImage, 22*, 941 – 947.

Schurz, M., Radua, J., Aichhorn, M., Richlan, F., & Perner, J. (2014). Fractionating theory of mind: A meta–analysis of functional brain imaging studies. *Neuroscience and Biobehavioral Reviews, 42*, 9 – 34.

Scott, L. N., Stepp, S. D., Hallquist, M. N., Whalen, D. J., Wright, A. G. C., & Pilkonis, P. A. (2015). Daily shame and hostile irritability in adolescent girls with borderline personality disorder symptoms. *Personality Disorders: Theory, Research, and Treatment, 6*, 53.

Seara–Cardoso, A., Sebastian, C. L., McCrory, E., Foulkes, L., Buon, M., Roiser, J. P., & Viding, E. (2016). Anticipation of guilt for everyday moral transgressions: The role of the anterior insula and the influence of interpersonal psychopathic traits. *Scientific Reports, 6*, 36273.

Sell, A., Sznycer, D., Al-Shawaf, L., Lim, J., Krauss, A., Feldman, A., ... Tooby, J. (2017). The grammar of anger: Mapping the computational architecture of a recalibrational emotion. *Cognition*, *168*, 110 - 128.

Semlitsch, H. V, Anderer, P., Schuster, P., & Presslich, O. (1986). A solution for reliable and valid reduction of ocular artifacts, applied to the P300 ERP. *Psychophysiology*, *23*, 695 - 703.

Sheng, F., & Han, S. (2012). Manipulations of cognitive strategies and intergroup relationships reduce the racial bias in empathic neural responses. *NeuroImage*, *61*, 786 - 797.

Shi, Z., & Han, S. (2013). Transient and sustained neural responses to death-related linguistic cues. *Social Cognitive and Affective Neuroscience*, *8*, 573 - 578.

Shi, Z., & Han, S. (2018). Distinct effects of reminding mortality and physical pain on the default-mode activity and activity underlying self-reflection. *Social Neuroscience*, *13*, 372 - 383.

Shin, L. M., Dougherty, D. D., Orr, S. P., Pitman, R. K., Lasko, M., MacKlin, M. L., ... Rauch, S. L. (2000). Activation of anterior paralimbic structures during guilt-related script-driven imagery. *Biological Psychiatry*, *48*, 43 - 50.

Silfver, M., Helkama, K., Lönnqvist, J.-E., & Verkasalo, M. (2008). The relation between value priorities and proneness to guilt, shame, and empathy. *Motivation and Emotion*, *32*, 69 - 80.

Silveira, S., Graupmann, V., Agthe, M., Gutyrchik, E., Blautzik, J., Demirçapa, I., ... Hennig-Fast, K. (2014). Existential neuroscience: Effects of mortality salience on the neurocognitive processing of attractive opposite-sex faces. *Social Cognitive and Affective Neuroscience*, *9*, 1601 - 1607.

Singer, T., Seymour, B., O'Doherty, J., Dolan, R. J., Kaube, H., & Frith, C. D. (2004). Empathy for pain involves the affective but not sensory components of pain. *Science*, *303*, 1157 - 1162.

Slobounov, S. (2008). Fear as Adaptive or Maladaptive Form of Emotional Response. *Injuries in Athletics: Causes and Consequences*, 269 - 287.

Smith, E., & Bird, R. (2000). Turtle hunting and tombstone opening. public generosity as costly signaling. *Evolution and Human Behavior : Official Journal of the Human Behavior and Evolution Society*, *21*, 245 - 261.

Smith, R. H., Webster, J. M., Parrott, W. G., & Eyre, H. L. (2002). The role of public exposure in moral and nonmoral shame and guilt. *Journal of Personality and Social Psychology*, *83*, 138 - 159.

Sober, E. (1992). The evolution of altruism: Correlation, cost, and benefit. *Biology and Philosophy*, *7*, 177 - 187.

Stephan, K. E., Penny, W. D., Moran, R. J., den Ouden, H. E. M., Daunizeau, J., & Friston, K. J. (2010). Ten simple rules for dynamic causal modeling. *NeuroImage*, *49*, 3099 - 3109.

Stephan, Klaas Enno, & Friston, K. J. (2010). Analyzing effective connectivity with functional magnetic resonance imaging. *Wiley Interdisciplinary Reviews: Cognitive Science*, *1*, 446 - 459.

Strang, S., Gross, J., Schuhmann, T., Riedl, A., Weber, B., & Sack, A. T. (2015). Be nice if you have to — the neurobiological roots of strategic fairness. *Social Cognitive and Affective Neuroscience*, *10*, 790 - 796.

Summerfield, J. J., Hassabis, D., & Maguire, E. A. (2009). Cortical midline involvement in autobiographical memory. *Neuroimage*, *44*, 1188 - 1200.

Sznycer, D. (2019). Forms and Functions of the Self-Conscious Emotions. *Trends in Cognitive Sciences*, *23*, 143 - 157.

Sznycer, D., Tooby, J., Cosmides, L., Porat, R., Shalvi, S., & Halperin, E. (2016). Shame closely tracks the threat of devaluation by others, even across cultures. *Proceedings of the National Academy of Sciences*, *113*, 2625 - 2630.

Sznycer, D., Xygalatas, D., Agey, E., Alami, S., An, X.-F., Ananyeva, K. I., ... Tooby, J.

(2018). Cross-cultural invariances in the architecture of shame. *Proceedings of the National Academy of Sciences, 115*, 9702 - 9707.

Takahashi, H., Yahata, N., Koeda, M., Matsuda, T., Asai, K., & Okubo, Y. (2004). Brain activation associated with evaluative processes of guilt and embarrassment: An fMRI study. *NeuroImage, 23*, 967 - 974.

Tang, H., Mai, X., Wang, S., Zhu, C., Krueger, F., & Liu, C. (2015). Interpersonal brain synchronization in the right temporo-parietal junction during face-to-face economic exchange. *Social Cognitive and Affective Neuroscience, 11*, 23 - 32.

Tangney, J. P. (1993). Guilt and shame. In C. G. Costello (Ed.), *Symptoms of depression* (pp. 161 - 180). New York:Wiley.

Tangney, J P, Stuewig, J., & Mashek, D. J. (2007a). Moral emotions and moral behavior. *Annual Review of Psychology, 58*, 345 - 372.

Tangney, J P, Stuewig, J., & Mashek, D. J. (2007b). *What's moral about the self-conscious emotions?* (J L Tracy, R. W. Robins, & J. P. Tangney, Eds.). New York, NY: Guilford Press.

Tangney, J P, Wagner, P. E., Burggraf, S. A., Gramzow, R., & Fletcher, C. (1991). Children's shame-proneness, but not guilt-proneness, is related to emotional and behavioral maladjustment. *Poster Presented at the Meeting of the American Psychological Society*.

Tangney, June P, Stuewig, J., & Hafez, L. (2011). Shame, guilt, and remorse: Implications for offender populations. *Journal of Forensic Psychiatry & Psychology, 22*, 706 - 723.

Tangney, June P, Stuewig, J., & Martinez, A. G. (2014). Two faces of shame the roles of shame and guilt in predicting recidivism. *Psychological Science, 25*, 799 - 805.

Tangney, June P, Stuewig, J., Mashek, D., & Hastings, M. (2011). Assessing Jail Inmates' Proneness to Shame and Guilt: Feeling Bad About the Behavior or the Self? *Criminal Justice and Behavior, 38*, 710 - 734.

Tangney, June P, Wagner, P., Fletcher, C., & Gramzow, R. (1992). Shamed into anger? The relation of shame and guilt to anger and self-reported aggression. *Journal of Personality and Social Psychology*, *62*, 669 - 675.

Tangney, June P, Wagner, P., & Gramzow, R. (1992). Proneness to shame, proneness to guilt, and psychopathology. *Journal of Abnormal Psychology*, *101*, 469 - 478.

Tangney, June Price. (1995). Recent advances in the empirical study of shame and guilt. *American Behavioral Scientist*, *38*, 1132 - 1145.

Tangney, June Price. (1996). Conceptual and methodological issues in the assessment of shame and guilt. *Behav. Res. Ther.*, *34*, 741 - 754.

Tangney, June Price, Burggraf, S. A., & Wagner, P. E. (1995). *Shame-proneness, guilt-proneness, and psychological symptoms*.

Tangney, June Price, & Dearing, R. L. (2003). *Shame and guilt*. New York: Guilford Press.

Tangney, June Price, Hill-Barlow, D., Wagner, P. E., Marschall, D. E., Borenstein, J. K., Sanftner, J., ... Gramzow, R. (1996). Assessing individual differences in constructive versus destructive responses to anger across the lifespan. *Journal of Personality and Social Psychology*, *70*, 780 - 796.

Tangney, June Price, Miller, R. S., Flicker, L., & Barlow, D. H. (1996). Are Shame, Guilt, and Embarrassment Distinct Emotions? *Journal of Personality and Social Psychology*, *70*, 1256 - 1269.

Tangney, June Price, Stuewig, J., & Mashek, D. J. (2007). Moral emotions and moral behavior. Annu. Rev. *Psychol.*, *58*, 345 - 372.

Tangney, June Price, Wagner, P. E., Hill-Barlow, D., Marschall, D. E., & Gramzow, R. (1996). Relation of shame and guilt to constructive versus destructive responses to anger across the lifespan. *Journal of Personality and Social Psychology*, *70*, 797 - 809.

Tangney, June Price, Wagner, P., & Gramzow, R. (1992). Proneness to Shame, Proneness to Guilt, and Psychopathology. *Journal of Abnormal Psychology*, *101*, 469 - 478.

Tetlock, P E, Kristel, O. V, Elson, S. B., Green, M. C., & Lerner, J. S. (2000). The psychology of the unthinkable: taboo trade–offs, forbidden base rates, and heretical counterfactuals. *Journal of Personality and Social Psychology*, *78*, 853 - 870.

Tetlock, Philip E. (2003). Thinking the unthinkable: Sacred values and taboo cognitions. *Trends in Cognitive Sciences*, *7*, 320 - 324.

Thomaes, S., Stegge, H., Olthof, T., Bushman, B. J., & Nezlek, J. B. (2011). Turning Shame Inside–Out: "Humiliated Fury" in Young Adolescents. *Emotion*, *11*, 786 - 793.

Tignor, S. M., & Randall Colvin, C. (2019). The meaning of guilt: Reconciling the past to inform the future. *Journal of Personality and Social Psychology*, *116*, 989 - 1010.

Tracy, Jessica L, & Robins, R. W. (2006). Appraisal antecedents of shame and guilt: Aupport for a theoretical model. *Personality and Social Psychology Bulletin*, *32*, 1339 - 1351.

Tsang, J. A. (2006a). Gratitude and prosocial behaviour: An experimental test of gratitude. *Cognition and Emotion*, *20*, 138 - 148.

Tsang, J. A. (2006b). The effects of helper intention on gratitude and indebtedness. *Motivation and Emotion*, *30*, 198 - 204.

Tsang, J. A. (2007). Gratitude for small and large favors: A behavioral test. *Journal of Positive Psychology*, *2*, 157 - 167.

Ty, A., Mitchell, D. G. V, & Finger, E. (2017). Making amends: Neural systems supporting donation decisions prompting guilt and restitution. *Personality and Individual Differences*, *107*, 28 - 36.

Uddin, L. Q. (2015). Salience processing and insular cortical function and dysfunction. *Nature Reviews Neuroscience*, *16*, 55 - 61.

Ullsperger, P., Metz, A. M., & Gille, H. G. (1988). The P300 component of the event–related brain potential and mental effort. *Ergonomics*, *31*, 1127 - 1137.

van Buuren, M., Gladwin, T. E., Zandbelt, B. B., Kahn, R. S., & Vink, M. (2010). Reduced functional coupling in the default - mode network during self - referential processing. *Human Brain Mapping*, *31*, 1117 - 1127.

van Buuren, M., Vink, M., & Kahn, R. S. (2012). Default–mode network dysfunction and self–referential processing in healthy siblings of schizophrenia patients. *Schizophrenia Research*, *142*, 237 - 243.

Van de Calseyde, P. P. F. M., Keren, G., & Zeelenberg, M. (2014). Decision time as information in judgment and choice. *Organizational Behavior and Human Decision Processes*, *125*, 113 - 122.

van der Meer, L., Costafreda, S., Aleman, A., & David, A. S. (2010). Self–reflection and the brain: a theoretical review and meta–analysis of neuroimaging studies with implications for schizophrenia. *Neuroscience & Biobehavioral Reviews*, *34*, 935 - 946.

Van Noordt, S. J. R., & Segalowitz, S. J. (2012). Performance monitoring and the medial prefrontal cortex: a review of individual differences and context effects as a window on self–regulation. *Frontiers in Human Neuroscience*, *6*, 1 - 16.

Van Overwalle, F., & Baetens, K. (2009). Understanding others' actions and goals by mirror and mentalizing systems: A meta–analysis. *NeuroImage*, *48*, 564 - 584.

Van Overwalle, F., Van de Steen, F., & Mariën, P. (2019). Dynamic causal modeling of the effective connectivity between the cerebrum and cerebellum in social mentalizing across five studies. *Cognitive, Affective, & Behavioral Neuroscience*, *19*, 211 - 223.

Van Veen, V., & Carter, C. S. (2002). The timing of action–monitoring processes in the anterior cingulate cortex. *Journal of Cognitive Neuroscience*, *14*, 593 - 602.

Velotti, P., Elison, J., & Garofalo, C. (2014). Shame and aggression: Different trajectories and implications. *Aggression and Violent Behavior*, *19*, 454 - 461.

Vytal, K., & Hamann, S. (2010). Neuroimaging support for discrete neural correlates of basic emotions: a voxel–based meta–analysis. *Journal of Cognitive Neuroscience, 22*, 2864 – 2885.

Wagner, U., N'Diaye, K., Ethofer, T., & Vuilleumier, P. (2011). Guilt–Specific Processing in the Prefrontal Cortex. *Cerebral Cortex, 21*, 2461 – 2470.

Watkins, P. C., Scheer, J., Ovnicek, M., & Kolts, R. (2006). The debt of gratitude: Dissociating gratitude and indebtedness. *Cognition and Emotion, 20*, 217 – 241.

Whittle, S., Liu, K., Bastin, C., Harrison, B. J., & Davey, C. G. (2016). Neurodevelopmental correlates of proneness to guilt and shame in adolescence and early adulthood. *Developmental Cognitive Neuroscience, 19*, 51 – 57.

Wickens, C., Kramer, A., Vanasse, L., & Donchin, E. (1983). Performance of concurrent tasks: a psychophysiological analysis of the reciprocity of information–processing resources. *Science, 221*, 1080 –1082.

Wicker, F. W., Payne, G. C., & Morgan, R. D. (1983). Participant descriptions of guilt and shame. *Motivation & Emotion, 7*, 25 – 39.

Windmann, S., Kirsch, P., Mier, D., Stark, R., Walter, B., Güntürkün, O., & Vaitl, D. (2006). On framing effects in decision making: linking lateral versus medial orbitofrontal cortex activation to choice outcome processing. *Journal of Cognitive Neuroscience, 18*, 1198 – 1211.

Wisman, A., & Koole, S. L. (2003). Hiding in the Crowd: Can Mortality Salience Promote Affiliation With Others Who Oppose One's Worldviews? *Journal of Personality and Social Psychology, 84*, 511 – 526.

Wong, Y., & Tsai, J. (2007). Cultural models of shame and guilt. *The Self-Conscious Emotions: Theory and Research*, 209 – 223.

Woo, C.–W., Krishnan, A., & Wager, T. D. (2014). Cluster–extent based thresholding in fMRI analyses: pitfalls and recommendations. Neuroimage, 91, 412 – 419.

Wood, A. M., Maltby, J., Stewart, N., Linley, P. A., & Joseph, S. (2008). A Social–Cognitive Model of Trait and State Levels of Gratitude. *Emotion, 8*, 281 – 290.

Wu, H., Yang, S., Sun, S., Liu, C., & Luo, Y. (2013). The male advantage in child facial resemblance detection: Behavioral and ERP evidence. *Social Neuroscience, 8*, 555 - 567.

Xu, Z., Zhu, R., Zhang, S., Zhang, S., Liang, Z., Mai, X., & Liu, C. (2022). Mortality salience enhances neural activities related to guilt and shame when recalling the past. Cerebral Cortex, bhac004.

Xu, X., Zuo, X., Wang, X., & Han, S. (2009). Do you feel my pain? Racial group membership modulates empathic neural responses. *Journal of Neuroscience, 29*, 8525 - 8529.

Yamagishi, T., Horita, Y., Mifune, N., Hashimoto, H., Li, Y., Shinada, M., ...Simunovic, D. (2012). Rejection of unfair offers in the ultimatum game is no evidence of strong reciprocity. *Proceedings of the National Academy of Sciences, 109*, 20364 - 20368.

Yang, C. Y., Decety, J., Lee, S., Chen, C., & Cheng, Y. (2009). Gender differences in the mu rhythm during empathy for pain: An electroencephalographic study. *Brain Research, 1251*, 176 - 184.

Yarkoni, T., Poldrack, R. A., Nichols, T. E., Van Essen, D. C., & Wager, T. D. (2011). Large-scale automated synthesis of human functional neuroimaging data. *Nature Methods, 8*, 665 - 670.

Yeung, N., & Sanfey, A. G. (2004). Independent coding of reward magnitude and valence in the human brain. *Journal of Neuroscience, 24*, 6258 - 6264.

Yoder, K. J., & Decety, J. (2014). Spatiotemporal neural dynamics of moral judgment: A high-density ERP study. *Neuropsychologia, 60*, 39 - 45.

Yoshimura, S., Ueda, K., Suzuki, S. ichi, Onoda, K., Okamoto, Y., & Yamawaki, S. (2009). Self-referential processing of negative stimuli within the ventral anterior cingulate gyrus and right amygdala. *Brain and Cognition, 69*, 218 - 225.

Yu, H., Cai, Q., Shen, B., Gao, X., & Zhou, X. (2017). Neural substrates and social consequences of interpersonal gratitude: Intention matters. *Emotion, 17*, 589 - 601.

Yu, H., Duan, Y., & Zhou, X. (2017). Guilt in the eyes: Eye movement and physiological evidence for guilt-induced social avoidance. *Journal of Experimental Social Psychology*, *71*, 128 – 137.

Yu, H., Hu, J., Hu, L., & Zhou, X. (2014). The voice of conscience: neural bases of interpersonal guilt and compensation. *Social Cognitive and Affective Neuroscience*, *9*, 1150 – 1158.

Yu, H., Koban, L., Crockett, M. J., Zhou, X., & Wager, T. D. (2020). Toward a Brain-Based Bio-Marker of Guilt. *Neuroscience Insights*, *15*, 1 – 3.

Yu, R., & Zhou, X. (2006). Brain potentials associated with outcome expectation and outcome evaluation. *Neuroreport*, *17*, 1649 – 1653.

Zahavi, A. (1977). The cost of honesty: further remarks on the handicap principle. *Journal of Theoretical Biology*, *67*, 603 – 605.

Zahn, R., Garrido, G., Moll, J., & Grafman, J. (2014). Individual differences in posterior cortical volume correlate with proneness to pride and gratitude. *Social Cognitive and Affective Neuroscience*, *9*, 1676 – 1683.

Zahn, R., Moll, J., Paiva, M., Garrido, G., Krueger, F., Huey, E. D., & Grafman, J. (2009). The neural basis of human social values: evidence from functional MRI. *Cerebral Cortex*, *19*, 276 – 283.

Zaleskiewicz, T., Gasiorowska, A., & Kesebir, P. (2015). The Scrooge effect revisited: mortality salience increases the satisfaction derived from prosocial behavior. *Journal of Experimental Social Psychology*, *59*, 67 – 76.

Zhu, R., Feng, C., Zhang, S., Mai, X., & Liu, C. (2019). Differentiating guilt and shame in an interpersonal context with univariate activation and multivariate pattern analyses. *NeuroImage*, *186*, 476 – 486.

Zhu, R., Jin, T., Shen, X., Zhang, S., Mai, X., & Liu, C. (2017). Relational utility affects self-punishment in direct and indirect reciprocity situations. *Social Psychology*, *48*, 19 – 27.

Zhu, R., Shen, X., Tang, H., Ye, P., Wang, H., Mai, X., & Liu, C. (2017). Self-Punishment Promotes Forgiveness in the Direct and Indirect Reciprocity Contexts. *Psychological Reports*, *120*, 408 - 422.

Zhu, R., Wu, H., Xu, Z., Tang, H., Shen, X., Mai, X., & Liu, C. (2019). Early distinction between shame and guilt processing in an interpersonal context. *Social Neuroscience*, *14*, 53 - 66.

Zhu, R., Xu, Z., Tang, H., Liu, J., Wang, H., An, Y., ... Liu, C. (2019). The effect of shame on anger at others: Awareness of the emotion-causing events matters. *Cognition and Emotion*, *33*, 696 - 708.

Zilles, K. (2018). Brodmann: a pioneer of human brain mapping—his impact on concepts of cortical organization. *Brain*, *141*, 3262 - 3278.

附　录

实验 7 和 8 中使用的想象材料

控制组：你参加的一门课程要求每个学生都要作一个报告。该报告在全班五十名同学面前进行。轮到你作报告的时候，你的表现一般。你的报告和其他同学的差不多，处于平均水平。

羞耻组：你参加的一门课程要求每个学生都要作一个报告。该报告在全班五十名同学面前进行。轮到你作报告的时候，你的表现非常糟糕。你的表达结结巴巴，内容逻辑混乱。大家都没有弄明白你想说什么。最后，你的同学们对你进行了提问。大家发现你根本没有掌握这门课程的内容。

单变量激活分析与多变量模式分析

下面的例子有助于在概念上理解单变量激活分析和多变量模式分析的差异。以一个小方格代表大脑内的一个体素（见附录图 1）。小方格内的颜色代表该体素在大脑中的信号强度（黑色 = 2、灰色 = 1、白色 = 0）。单变量激活分析是基于每个单独的体素进行的。假设只有当两个条件间某个体素的信号差异值大于等于 2 时，单变量激活分析才会显示体素的激活在条件间存在显著差异。那么在这里的例子中（附录图 1），单变量激活分析只会显示，团块 1 的激活在条件 1 和条件 2 的激活存在显著差异。多变量模式分析既考虑每个体素的信号强度，还考虑存在于多个体素的信号模式。因此，多变量模式分析通常不仅能重复单变量激活分析的结果，还可以识别出团块 2 的激活模式在条件 1 和条件 2 之间存在差异（条件 1 中是字母"G"，条件 2 中是字母"S"）。关于多变模式分析更多的细节可见综述 (如：Norman, Polyn, Detre, & Haxby, 2006)。

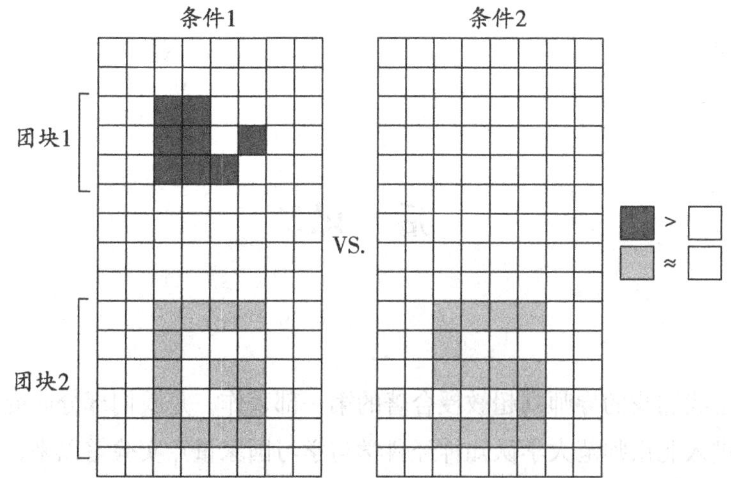

附录图 1. 一个帮助理解单变量激活分析和多变量模式分析的例子。“>”表示黑色和白色格子之间的信号强度差异大于等于 2，这会在单变量激活分析中被认为是显著的差异。“≈”表示灰色和白色格子之间的信号强度差异小于 2，这会在单变量激活分析中被认为是不显著的差异。

后 记

本书是我和我的导师刘超教授合著的第一部著作，是我们部分研究成果的总结。从我进入北京师范大学认知神经科学与学习国家重点实验室以来，刘超老师在学习、科研以及生活的各个方面给我提供了巨大的帮助和指导。刘老师智慧而渊博，在研究过程中既能够宏观把握大的方向，也对实验、论文写作的各个细节精益求精。这不仅使我在科学研究中形成了严谨的态度，也让我热爱上了这一事业，并坚定了从事认知神经科学研究的决心。刘超老师宽厚而包容，当我在学习或研究中遇到问题时，他不会指责和批评，而是和我一起直面问题，寻找解决方法。当我有新的研究想法时，他会选择信任，给予支持，鼓励我大胆探索，给了我极大的信心。在这里，我真挚地向恩师刘超教授表示感谢！

本书中的实验能够顺利完成，书稿得以成形，得益于许多人的支持与帮助：博士后合作导师苏淞教授对我的学习和科研工作给予了极大的支持和帮助；中国人民大学心理学系买晓琴教授在脑电研究方面对我进行了启蒙和指导；华南师范大学心理学院封春亮博士和北京师范大学经济与工商管理学院唐红红博士在实验设计、数据分析、文章修改等方面提供了宝贵的建议；徐振华师妹与我一起合作开展了一系列的研究；还有那些在学习、科研、生活等方方面面帮助我的伙伴们，他们是李万清、申学易、王华根、金涛、张燊、葛月、甄珍、陆夏平、叶佩霞、苏瑞、张思慧、梁滋璐、张灵科、张智琦、金可镂、吴思梦、吴小燕等。在此，我由衷感谢这些老师和同学，感恩你们！也感谢家人对我的理解和支持，你们是我坚实的后盾！

朱睿达

2022 年 6 月 1 日